王　丽◎编著

人生容不得找借口

放下卑微的借口
经营昂贵的人生

RENSHENGRONGBUDE
ZHAOJIEKOU

企业管理出版社
EMPH ENTERPRISE MANAGEMENT PUBLISHING HOUSE

图书在版编目（CIP）数据

人生容不得找借口 / 王丽编著. -- 北京：企业管理出版社，2014.2

ISBN 978-7-5164-0650-2

Ⅰ. ①人… Ⅱ. ①王… Ⅲ. ①成功心理—通俗读物
Ⅳ. ①B848.4-49

中国版本图书馆 CIP 数据核字（2013）第 300701 号

书　　名：人生容不得找借口
作　　者：王　丽
责任编辑：张　羿
书　　号：ISBN 978-7-5164-0650-2
出版发行：企业管理出版社
地　　址：北京市海淀区紫竹院南路 17 号　邮　　编：100048
网　　址：http：//www.emph.cn
电　　话：编辑部（010）68453201 发行部（010）68701638
电子信箱：emph003@sina.cn
印　　刷：北京潮河印刷有限公司
经　　销：新华书店
规　　格：170 毫米 ×240 毫米　16 开本　17 印张　165 千字
版　　次：2014 年 2 月第 1 版　2014 年 2 月第 1 次印刷
定　　价：33.80 元

前言

一个人要成就一番事业，就必须毫不松懈，不找任何借口。然而，我们周围总有一些人在做事之前先找借口；在做事的过程中，因各种借口造成的消极心态，就像瘟疫一样毒害着他们的灵魂，并且相互感染和影响，极大地阻碍着他们正常潜能的发挥，使他们丧失斗志。像这样的人，借口已经“吃掉”了他们做事的希望。

现实生活中，我们还常常听到一些抱怨，比如“我没有受过良好教育”、“没有资金”、“没有关系”等，这都是一些冠冕堂皇的借口。殊不知，能够成就一番事业的人，往往不给自己找借口。日本松下幸之助只上了4年的小学；美国钢铁大王安德鲁·卡内基13岁时开始工作，几乎没有受过什么正规教育；中国香港长江实业公司董事长李嘉诚只上了2年初中……他们虽没有上过正规的大学，但他们通过自学和不懈的努力成就了一番事业。美国前总统富兰克林·罗斯福因患小儿麻痹症下身瘫痪，按理说他是最有理由找借口的，可是他从不找借口，而是以信心、勇气和顽强的意志向一切困难挑战，连任了四届美国总统。他以病残之躯，在人类历史上写下了光辉的篇章。

当然，找借口解释失败是大多数人本能的一种习惯。我们不能要求每个人在面对人生的时候，都作出一样的选择。从古到今，凡成大事者，没有不受尽磨难并在磨难中完成自我教育的。如果一个人敢于直面困境，积极主动寻求解决问题的办法，能在任何不利的环境中始终充满热情，坚定对生活的信念，那么他迟早会成功。

行走于人生丛林中的每个人都应该记住，如果你正在遭受困苦，这并不完全是件坏事，“天将降大任于斯人也，必先苦其心志，劳其筋骨，饿其体肤，空乏其身，行拂乱其所为。所以动心忍性，增益其所不能”。

倘若你和一般失败者面谈，你就会发现，他们之所以失败，是因为他们从来不曾走进足以激发人、鼓励人的环境中，总是沉浸在自己找出的各种借口中，催眠自我。

成功最重要的一点就是：无论什么时候，都不要为自己寻找借口。只有尽职尽责、勇往直前、不找借口，才能实现理想目标，创造辉煌人生。

因此，一个人要想成就事业，必须毫不留情，不找任何借口，像鹰隼一样盯住猎物——唯一的目的是擒住它。按照自己的行动计划，去填满每天的行动表格，让借口彻底地走开。

目录

第一章

别再沉睡于麻痹斗志的借口温床

借口是失败的温床，成功的大敌。它能够瓦解一个人成功的意念，削弱胜利的欲望，削减人的耐心。在成功的道路上，缺乏耐性的人总会为自己找到借口：“这件事肯定不可能，对我来说它太漫长了。”正是这种借口让人心安理得地放弃了努力去做的想法。

第二章

有借口浅尝辄止，有思路事半功倍

在工作与生活中，人人都希望能用最快、最有效的方法来解决问题以获得成功。然而有的人能做到，但有的人却做不到。这其中原因有很多，而是否有思路，是否懂得抓要点、抓根本，则是能否成功的关键。尤为重要的是，要杜绝借口的出现，因为一旦出现了借口，别说事半功倍，最多不过是浅尝辄止的结果。

第三章

遇事不找借口，办法无中生有

日常工作中常常有这样两种人：一种是碰见困难避而远之的人；另一种则是迎难而上，主动去寻求方法的人。可以说，主动去寻找方法解决问题的人，是职场中的稀有资源，更是经济社会的珍宝。

第四章

抱怨是恶性借口，现实要欣然接受

喜欢抱怨的人很多，人们因为抱怨而徒增的烦恼、造成的不利则更多。永远不要抱怨，如果能够改变就努力地改变，如果不能改变就欣然地接受。否则，我们越是不愿忍受就往往越难以忍受，越难以忍受也就越不愿忍受，如此恶性循环，极易导致心理或者行为的出轨。

第五章

情绪滋生借口，随时进行调控

人是有感情的，有情绪是正常的。不过，有情绪不等于一定要宣泄，而应该学会控制。否则，一旦被情绪控制，就极易失去理性，从而滋生出各种在冷静下来之后才发觉是可笑、荒谬、于事无补的借口，徒增烦忧。

第六章

处处行事积极，借口销声匿迹

正如一句话说的：你的心态决定你的成败。不管是在工作中还是生活中，只要把自己的心态摆正了、摆好了，用积极的心态去迎接每一件事情，那么一定能取得你想要的好结果、好人生。如此一来，收获足以证明自己，再也用不着以借口掩饰什么了。

第七章

借口是一时慰藉，方法乃一针见血

为问题找借口，便错过了在解决问题的过程中提升自己的机会，所以不要为问题找借口，而要积极地开动自己的脑筋，努力寻找解决问题的方法，从而使自己在磨炼中不断成长。

第八章

找最好的借口，不如做最棒的自己

世界上无数的失败者之所以没有成功，主要不是因为他们才干不够，而是因为他们不能集中精力、不能全力以赴地去做擅长的工作。他们浪费掉了大量的精力，而自己却从未觉悟，最后只得用借口堂而皇之地推脱。与其如此，不如全面地评估自己，调整自我，做最好的自己。

第九章

最可怕的借口是绝望，活着就有希望

绝望是最奢侈的借口，因为人生宝贵，绝望等于放弃了人生。绝望也是最可怕的借口，因为一旦绝望下去，人生将暗淡无光，一边要忍受着自己的碌碌无为，一边还会受到他人成功的刺激，无聊的岁月在煎熬中显得更加漫长。其实，大可不必如此，活着就有希望，关键在于是否有一颗寻找希望的心。

第一章

别再沉睡于麻痹斗志的借口温床

借口是失败的温床，成功的大敌。它能够瓦解一个人成功的意念，削弱胜利的欲望，削减人的耐心。在成功的道路上，缺乏耐性的人总会为自己找到借口：“这件事肯定不可能，对我来说它太漫长了。”正是这种借口让人心安理得地放弃了努力去做的想法。

1. 借口挂嘴上，失败没商量

在工作中，每个人应该做的就是要充分发挥自己的主观能动性去努力地工作以获得成功，而不是浪费时间去为失败寻找借口以博取别人的同情和理解。因为公司为你安排职位，是为了解决工作中的问题，为公司谋求利益，而不是来听你对困难连篇累牍的分析的。

借口是失败的温床，而习惯性的拖延者通常是制造借口与托词的专家。他们经常会为没有做成某些事而去想方设法寻找借口，或想出各种各样的理由为任务未能按计划完成而辩解。“这项工作太困难了。”“我不是故意的。”“我太忙了，忘了还有这样一件事。”“老板规定的时间太紧。”“本来不会是这样的，都怪……”等等。

可以说，找借口是世界上最容易办到的事情之一，只要你存心拖延、逃避，你总能找出足够多的理由。因为把“事情太困难、太复杂、太花时间”等种种理由合理化，要比相信“只要我们更努力、更聪明，信心更强，就能完成任何事情”，进而通过努力去获得成功要容易得多。

找借口是一种不好的习惯。遇到问题后不是积极主动地去想方设法加以解决，而是千方百计地寻找借口，你的工作就会变得越来越拖沓，更不用说什么高效率。借口变成了一块挡箭牌。一旦事情办砸了，你总能找出一些看似合理的借口来安慰自己，同时也以此去换得他人的理解和原谅。找到借口只是为了把自己的失败或过失掩盖掉，暂时人为制造一个安全的角落。但长期这样下去，借口就会变成一种习惯，就会成为失败的温床，人就会疏于努力，不再想方设法争取成功了。

现实工作中，不知有多少人把自己宝贵的时间和精力放在了如何寻找一个合适的借口上，而忘记了自己应尽的职责！可以这么说，喜欢为自己的失败找借口的员工肯定是不努力工作的员工，至少，他没有端正他的工作态度。他找出种种借口来掩饰失败，欺骗公司。他不是一个诚实的人，也不是一个负责任的人。这样的人，在公司中不可能是称职的好员工，也绝不可能是公司信任的好员工，也很难得到大家的信赖和尊重。无数人就是因为养成了轻视工作、马虎拖延、惯于找借口的习惯，终致一生处于社会或公司的底层，不能出人头地，获得成功。

借口是对惰性的纵容。每当要准备工作时，或要作出抉择时，总要找出一些适当的借口来安慰自己，总想让自己轻松些、舒服些。也许很多人都有这样的经历：当清晨闹铃将你从睡梦中惊醒后，心里想着该起床上班了，但同时却又享受着被窝的温暖，所以常常会一边不断地对自己说该起床了，同时一边又不断地给自己寻找借口："没关系，今天不急，再躺一会儿。"于是又躺了5分钟，10分钟……

其实对付惰性最好的办法就是根本不让惰性出现，如果惰性一旦浮现，即使是摆出与惰性开战的架势也常常会于事无补。在事情开始的时候，一定要有积极的想法在先，否则当头脑中冒出"我是不是可以再等会儿……"这样的问题时，惰性就出现了，"战争"也就开始了。一旦"开战"，结果就很难说了。所以，要在积极的想法一出现就马上行动，让惰性没有乘虚而入的任何机会。所以，千万不要在工作中找借口，不要把过多的时间和精力花费在寻找借口上。失败也罢，做错了也罢，再美妙的借口对事情的改变没有任何作用，还不如再仔细去想一想下一步究竟该怎样去做。

在实际的工作中，我们每一个人都应当贯彻这种“没有任何借口”的思想。对于任何问题，只要多花时间去寻找解决方案，反复试验，调整平和的心态，多做实事，相信总可以找到解决的方法。让我们拒绝借口，勇于承担责任，勤勤恳恳地干好每一件事情吧。

那些把“没有任何借口”作为自己行为准则的人，他们拥有毫不畏惧的决心、坚强的毅力、完美的执行力及在限定时间内把握每一分每一秒去完成任何一项任务的信心和信念。

借口只是失败的温床，工作中没有借口，人生中没有借口，失败没有借口，成功也不属于那些寻找借口的人。所以我们要学会给自己加码，始终以行动为见证，而不是编一些花言巧语为自己开脱。哪里有困难，哪里有需要，我们就要义无反顾地努力拼搏，直到成功。

2. 借口是向失败妥协的征兆

一个成功的人士，决不会向失败和困难投降，更不会给自己的失败找任何的借口。没有打击和困难的人生是不存在的。任何人面对困难和逆境，都可以伤心、悔恨，但唯独不能用“我不行”作为借口，丧失继续前进的勇气和决心。成功者在遇到困难时定会抛弃借口，总结教训，奋勇前行。

为自己找借口，就是向困难屈服。当我们遇到困难，如果先想到退缩，先对伟大的目标望而生畏、自我否定，那等待我们的只有失败。“不可能”、“我不行”这些最常用的借口，恰恰是人生的枷锁。它们禁锢我们的勇气、信心和智慧，左右我们的情绪，最终让可能的光荣永远与我们无缘。在生活中，永远没有绝对的不可能，只有相对的不可能，那就是我们给自己找到的各种各样的借口。借口让我们变成怯弱和懒惰的奴隶。

2002年，一位留学英国的年轻人看到《卫报》上有一则广告，招募两名年轻人进行环球旅行，报社支付3000美元的费用。没有多少人认为这是一项可以完成的任务，“用3000美元环游世界，这简直不可能”。

而这位年轻人就是不服这种“不可能”的说法。通过周密的安排，他不但用3000美元完成了环球之旅，还有40%的夜晚是在星级酒店里度过的。这个年轻人就是畅销书《3000美元环游世界》的作者朱兆瑞。他在面对好奇的读者时，曾这样解答他是如何完成这个看似不可能的任务的：用勇气去开拓，用头脑去行走，用智慧去生活。

每个人在面对艰巨的任务或难以实现的理想时，都会为自己找借口：“这对于我来说，太难了，我根本没有天分。”“这对我来说，绝对不可能，我没有那么多钱。”人们把自己现存的劣势或缺点作为借口，无非是要为自己的妥协和放弃开脱。

可是，美国成功学专家格兰特纳却告诉我们：“如果你有自己系鞋带的能力，你就有上天摘星的机会。”不要为自己找借口，哪怕只有万分之一的机会，也决不放弃。成功者总会借助信念的力量，找到最后的星光，并借这希望之光，走向人生的又一个巅峰。

阿伦佐·莫宁是世界上最伟大的篮球运动员之一。在他的篮球职业生涯中，他曾四次入选美国职业篮球联赛全明星阵容，并代表美国国家队获得了悉尼奥运会篮球比赛的冠军。然而，2000年，莫宁被查出患有肾病，在他带病坚持比赛几周后，医生命令他离开了他一直以来热爱的赛场，并给他切除了一个肾脏。

莫宁完全可以说，我已经身患重病，应该结束自己的职业篮球生涯了。但是他并没有给自己找借口，而是继续前进。2004年，接受了换肾手术的莫宁重返球场。此时他已是34岁的老将了，但他以永不放弃的精神和精湛的球技征服了世界，并于2006年获得了他职业生涯的第一枚总冠军戒指。

现在，莫宁已经成为美国篮球运动的一种精神象征。他的成功正是源于他的一句名言："在我的职业生涯中，从不对困难屈服。"世界以其特有的广博和多样性，为我们提供了所有超出想象的可能性。确实，人类出现的本身就是一个奇迹，而这个奇迹作用在每个具体的人身上就是个体生命不断创造新的奇迹的历程。

从现在开始，不再为自己找借口，做一个永不妥协的成功者。记住，我们是历经百万年的进化，浴血奋斗，经历无数苦难而成为集天地精华的人类。当我们在为自己找借口前，一定不要忘记想想用3000美元周游世界的朱兆瑞、经历换肾手术仍能挑战人类运动极限的莫宁。面对困难，甚至处于绝望的境地，我们只要平心静气地认真规划一下，拿出人生的勇气与智慧，就会发现，那些困难只是五彩的气泡，而我们为自己找的各种借口，只不过是藏在我们身体中的懒惰和怯弱耍出的小伎俩。因此，只要我们抛弃借口，锐意进取，成功一定能够属于我们。

3. 赢得胜利才有做人资本

只有获胜，才能赢得生存所需的资源；只有持续获胜，才能得到拓宽并发展自己的空间和领地，才能从竞争的包围圈中脱颖而出。

正如比尔·盖茨所说："这个世界不会在乎你的自尊，这个世界期望你先做出成绩，再去强调自己的感受。"

在现代市场经济中，任何个人、企业、团队在市场竞争中如果没能获胜或保持领先优势，要想实现基业长青或获得成功是不可能的，最终的结果自然是被市场和社会淘汰。那么存在的意义，也就无从谈起！

以美国硅谷为例，在这块弹丸之地分布着数千家科技公司，均从事IT技术的研发、生产和销售，竞争异常激烈。不仅如此，每年还有数百家新公司诞生，与此同时会有几百家公司如过眼烟云般消逝。正是这种残酷无情的竞争环境，逼迫硅谷人不断拼搏、不断奋进、不断创新，从而使一些极具竞争意识和竞争优势的企业快速崛起，并推动了IT产业的迅猛发展。

可以说，一场无法获胜的战役，一次无法胜出的比赛，一项不能获得利润的投资，不仅是一次蹩脚的作秀和消耗体能的运动，而且还可能是一次难以复生、全军覆没的重创。只有获胜，才能赢得生存所需的资源；只有持续获胜，才能得到拓宽并发展自己的空间和领地，才能从竞争的包围圈中脱颖而出。一个总是打败仗的团队，它的命运只能是被他人整编、变卖或并购，或者在竞争的挤压下，失去生存空间，破产直至消亡。

如今，百年老店为数不多，而一些存活了两三百年仍保持旺盛生命力，并不断赢得佳绩的企业就更是寥寥无几。大多企业仅是三五年的存活期，随即光华尽失，“香消玉殒”了。生命力之脆弱，生命周期之短暂，无不令人扼腕痛惜。这些企业的“死因”或许有多种，但有一点是共同的，那就是都忽视了每一项投资、每一次并购、每一个计划、每一步行动所要达成的结果。许多企业管理者热衷于行动，却无视结果；迷恋于行动的过程，却忽视了结果才是行动的根本；本末倒置，只能导致无人关心结果，无人对结果负责。

结果是什么？结果是行动的落实、目标的实现、任务的完成，是赢得胜利、取得成功的标志。一次没有结果的行动是无效的，是没有价值的；而一次与目标结果相反的结果，则是具有破坏性和毁灭性的，会毁掉一个企业。以结果为导向，才能确保每一次任务、每一个行动，都具有实际效用和价值。有些企业管理者雄心勃勃，制订了一些非常宏伟的战略计划，却在实际运作中屡屡受挫，不仅战略计划无法实现，员工的自信心大受打击，企业也陷入市场和财务双重窘境，难以自拔。究其原因，就是他们将行动与结果分离，甚至将结果抛至一边，一味地为了行动而行动。塔费奇公司是美国一家生产精细化工产品的企业，经过五年打拼，逐渐发展成为年产值数亿美元的企业。为了快速扩张，该公司在养殖、饲料加工、包装等传统项目上闪电出击，又先后投入巨资在医药、软饮料、房地产等多个经营项目上，跨地区、跨行业收购兼并了十多家经营状况不佳、扭亏无望的企业。由于投资金额巨大，经营项目繁杂，经营管理人才欠缺，塔费奇公司背上了沉重的包袱，从而走上了一条自我毁灭之路。

事实上，无论制定何种发展战略，实施何种管理模式，采用何种先进技术，重要的是能产生何种效果，能为企业创造多少利润，能使企业有多大提升。

20世纪90年代初期，IBM信用公司推出了为客户提供融资服务的项目。具体做法共分五步，而要完成这一流程则需要长达两周的时间。在漫长的等待中，销售代表和客户根本不知此项申请公文旅行到了哪个驿站，电话询问也不得而知。于是，那些没有耐心的顾客，纷纷弃IBM公司而去……

后来，IBM公司发现了问题的症结，并大刀阔斧地对业务流程进行优化重组，使这项历时两周的审批工作，缩短到仅需4个小时即可完成，从而赢回了客户的心，保持了市场优势。毫无疑问，行动仅是达到目标的手段，获胜才是行动的结果和最高准则。

最近几年来，所有的企业家和管理者都注意到了“执行力”这个问题，并且把“执行力”提升到关系企业生死存亡的高度。那么，执行力到底是什么呢？简单地说，对于员工，执行力就是把想做的事情做成功的能力，也就是事情的结果。

许多人说：“结果并不重要，重要的是过程。”这是一种非常不实际的观点，怀着这种所谓的“超然”心态去做事，结果只能是失败。可以说，人们对于成功的定义见仁见智，而失败却往往只有一种解释，即失败就是一个人没能达到他所设定的目标，而不论这些目标是什么。

在现代社会，这种以结果为导向和评价标准的思维已经成为一种共识。不论你在过程中做得多么出色，如果拿不出令人满意的结果，那么一切都是白费。的确，没有结果的付出只是在做无用功。竞争就是这么残酷无情，不论你曾经付出了多少心血，做了多少努力，只要你拿不出业绩，那么老板和上司就会觉得他付给你薪水是在浪费。相反，只要你有傲人的业绩，老板们就会重视你、认同你，而不管你的过程是否完美、漂亮。

在今天，你是因为成就而获得报酬，而不是行动的过程；你是因产出而获得报酬，而不是你的投入或者你工作的钟点数。你的报酬是取决于你在自己的责任领域里所取得成果的质量和数量。只有获胜才是硬道理，才是你挺胸做人、傲视群雄的资本。

4. 人生，要以成败论英雄

市场竞争是残酷的，商场如战场。如果你失败了，哪怕你以前付出再多，都没有任何的意义；只有成功了，你才会有鲜花和掌声，你才是英雄。

在商业社会里，企业的生存是以赢利为目的的，谁能够给公司带来最大的利润，谁就是公司的英雄。因此，我们要以成败论英雄。

人们常说，“生活就是一场没有硝烟的战争。”与其说我们生活在一个生机勃勃的时代，不如说我们处在一个要么生存、要么被淘汰的时代，在淘汰中求生存，在竞争中求发展。无论对个人还是对企业团队来说，都是如此。

虽然淘汰充满着残酷和无情，但我们不能否认，正是残酷的淘汰促进了社会的进步。任何一个企业，要保持活力，要保证不落后，就必须不停地淘汰不适合自身发展的各种落后因素：落后的管理理念、落后的经营政策、落后的产品、落后的服务、落后的用人体制以及不适合的员工。只有不断地淘汰落后的、不适合的，才能持续保持先进的、适合的，才能生存下去，才能不断地发展。

日本一家著名家电企业曾扬言，只要韩国家电市场一对外放开，用不了半年时间，就会让韩国家电企业全部倒闭。由于意识到竞争的压力，韩国家电企业纷纷走上了改革创新之路，淘汰落后的观念，淘汰落后的产品。正是由于他们的这种自我淘汰的意识和行为，若干年以后，他们非但没有全部倒闭，反而在国际市场上对日本家电企业构成了越来越大的威胁。

“光有疲劳和苦劳，没有功劳也白劳”。没有成功，没有胜出，只能称其为在运动，在消耗体能。只有取得了成功，你才是英雄。

同样，在商业社会里，无论你曾经下了多大工夫，做了多少努力，花费了多少心血，只要你在某一个环节上出了差错，你就要为此付出代价。倘若是在关键环节上出现闪失，则会功亏一篑！

2004年6月，杰克·韦尔奇在中国企业领袖高峰论坛上，被一位企业高层管理者问道：“您在任首席执行官时，与美国思科、微软、戴尔等公司首席执行官们相比有何不同？”韦尔奇先生有一段精彩的回答：“找不到很特定的差异点，你提到的这些公司都是希望在市场上胜出的，而且他们都获得了巨大成功。他们的每个首席执行官都希望他们的员工胜出，所有的员工从某种意义上来说也取得了很大的成功。尽管我们每一位首席执行官都有不同的风格、不同的方法和不同的手段，但大家的目标是一致的，就是要胜利，所以最好的事情就是胜利！”

在市场经济大潮中，公司作为竞争的实体，它的存在就是为了最大化地获取利润，就是为了基业长青。不管你在企业竞争过程中有过多么出色的表现，出过多么大的力气，只有在竞争中打败了对手，取得最大、最终的胜利，企业才是英雄，你才是英雄，才是企业的功臣。

5. 借口让人变得更加平庸

找借口进行解释实际上是通向失败的前奏。寻找借口只能造就千千万万平庸的企业和千千万万平庸的员工。面对失败，是选择责任，还是选择借口呢？选择责任，你的路是向前的，责任会鞭策着你走得更远。选择借口，你的路是后退的，借口会牵引你原地踏步甚至后退。而你所要做的，你所想要得到的，正需要你永远向前迈进。

我们每个人的天性中都存在一颗“黑暗的种子”，那就是好逸恶劳，推卸责任。遇到情况时，人们往往会出于本能把好的事情往自己身上揽，把坏的事情往别人身上推。如果你不对自己这颗“黑暗的种子”严防死守的话，那么，就会很容易陷入找借口推卸责任的圈子里去。

许多人之所以平庸一生，其原因就在于他们万事皆找借口。学习不好，说天生不聪明；高考落榜，说发挥不正常；找不到好工作，说自己没后台；工作不顺利，说现在经济大潮不好……所有的失败都有借口。于是，他们便在一个个借口中开始沉沦，得到解脱，得到一种阿Q式的精神快乐。但这样只能让他们更加平庸。

解释，一个看似合理的行为，其实在它的背后隐藏的却是人天性中的逃避和不负责任。在事实面前，没有任何理由可以被允许用于掩饰自己的失误，而寻找借口唯一的好处就是把自己的过失精心掩盖，把自己应该承担的责任转嫁给他人或者公司。所以，只有勇敢地接受并想方设法地去完成任何一项任务，才是你力争成功的不二选择。

汉朝时期，有一天，汉武帝外出视察，路过宫门口时看到一位头发全白的卫兵，穿着很旧的衣服，站在门口十分认真地检查出入宫门之人。于是，汉武帝就走上前询问起来。

老人答："我姓颜名驷，江都人。从文帝起，经历三朝一直担任此职。"

汉武帝问："你为什么没有升官机会？"

颜驷答："汉文帝喜好文学，而我喜好武功；后来汉景帝喜好老成持重的人，而我年轻喜欢活动；如今您做了皇帝，喜欢年轻英俊有为之人，而我又年迈无为了。因此，我虽然经过三朝皇帝，却一直没有升官，惭愧啊，惭愧啊。"

颜驷几十年没有升职，难道真的就没有自己的原因吗？他历仕三朝，换了三种用人风格的皇帝，都没有升迁的机会，那就应该在自己身上找找原因了，怎么能总是怪时运不济呢？就好比一名公司职员，在三位上司手下工作过，却都不能得到赏识，能说全是上司的责任吗？在工作中，面对没有完成的销售任务，面对没有做完的公司报表，很多人用时间不够、不熟悉程序、他人不肯合作等来作出一个看似合理的解释。粗看起来，好像很有道理，值得原谅。其实不然，因为这种解释不过是这些人从潜意识里给自己的工作失误寻找借口，而将自己的过失推脱掉罢了。这恰恰也是高效合作的工作团队中所不能够容忍的。如果允许这种情况存在，便是对团队的不负责，是对整个公司的摧残。因为，一群总是企图解释和寻找借口的员工只能为公司带来低下的效率与失败的命运。

日本的零售业巨头大荣公司中曾流传着这样的一个故事：两个

很优秀的年轻人毕业后一起进入大荣公司，不久被同时派到一家大型连锁店做一线销售员。一天，这家店在清核账目的时候发现所交纳的营业税比以前出奇地多了好多，仔细检查后发现，原来是两个年轻人负责的店面将营业额多打了一个零。于是，经理把他们叫进了办公室。当经理问到他们具体情况时，两人彼此面面相觑，但账单就在眼前，一切都是确凿的。

在一阵沉默之后，两个年轻人分别开口了，其中一个解释说自己刚开始上岗，所以很有些紧张，再加上对公司的财务制度还不是很熟，所以……另一个年轻人却没有多说什么，只是对经理说，这的确是他们的过失，他愿意用两个月的奖金来补偿，同时他保证以后再也不会犯同样的错误。走出经理室，开始说话的那个员工对后者说：“你也太傻了吧，两个月的奖金，那岂不是白干了？这种事情咱们新手随便找个借口就推脱过去了。”后者却仅仅是笑了笑，什么都没说。但从这以后，公司里出现了好几次培训学习的机会，每次都是那个勇于承担的年轻人能够获得这样的机会。另一个年轻人坐不住了，他跑去质问经理为什么这么不公平。经理没有对他做过多的解释，只是对他说：“一个事后不愿承担责任的人，是不值得团队信任与培养的。”

一个真正的成功者，一个真正优秀的员工拒绝寻找任何解释与借口。美国历史上划时代的杰出总统富兰克林·罗斯福打破美国传统，连任了4届总统职务。他身患小儿麻痹症，下身瘫痪，很有理由寻找借口去放弃、去依赖。然而他没有，而是以自己的信心、勇气及全部的努力向一切困难挑战，最终成为一个真正的强者，成为自己的主人，主宰了自己的灵魂和命运。

现在的市场经济需要的是真正强大的公司，真正优秀的员工。只有拒绝解释，拒绝借口，才能让自己变得强大起来。

6. 借口是害人的慢性毒药

借口，只是一种假象，假象的背后隐藏的是可怕的不为人知的错误。如果自己不及时更正，这种错误就会越扎越深，以致根深蒂固。

春秋战国时期季氏将要攻打他的附庸国颛臾。冉有、季路两人去拜见他们的老师孔子，说道："季氏将对颛臾使用武力。"孔子责备他们："这难道不应该责备你们吗？颛臾处在我们鲁国的疆域之中，这正是跟鲁国共安危的藩属，为什么要去攻打它呢？"冉有说："那个季氏要这么干，我们两人都不想呢。"孔子说："这就是你们的责任了。作为辅佐者，不去好好地辅佐他，帮助他治理国家，反而在这里推卸责任，这怨谁呢？"

冉有说："颛臾的城墙很坚固，而且离季孙的封地费县很近。现在不把它占领，日后一定会给子孙留下祸害。"孔子说："最讨厌那种为自己的贪心寻找借口的人了，不想着怎样治理好自己的国家，使四方之邻都来投靠你，反而想在国境以内使用武力。恐怕季孙的忧愁不在颛臾，却在宫墙里面。"

在这则故事里，孔子已洞察到冉有和季路的借口。他们作为辅佐者，不好好辅佐国君更好地治理国家，而将责任推脱给季氏，因为他自己的贪心，要攻打颛臾，却还要找借口。他们这种行为正是不正视自己的使命，用借口来推辞，但还是被孔子觉察出来。每个人的身边都不乏这样为自己找借口的人。但是，这些借口真的有用吗？借口就像是一种慢性毒药，用得越多中毒就越深，我们要敢于承担自己应负的责任，正视自己的使命。

有些借口只会自毁前程，让自己慢慢堕落，变得懒惰，不思进取，有时候还会放弃学习和努力，整天抱怨，为自己寻找一系列的借口来推辞。这种行为只会使你慢慢地掉进自己挖的深渊里。要记住自己真正的使命，彻底抛弃借口，展现最真实的自我，将成功把握在自己手里。

生活中没有偶然的机遇，机遇只给那些有准备的人。天上会掉馅饼吗？就算会掉，如果你不伸手去接，做好一切准备去抓住，也有可能会被别人抢走。勤奋不是每天懒懒地躺在床上，太阳照到屋子里，嘴里不停地念叨“勤奋，勤奋”；勤奋也不是整天泡在美味的零食里，贪婪地对自己说“勤奋，勤奋”。勤奋是一种长在深山里的灵芝，是需要你长途跋涉、不怕艰辛才能得到的最宝贵的东西。

想要用积极主动的心态去面对生活，就要先学会勤奋。勤奋是属于珍惜时间珍惜光阴的人的，是属于坚持不懈、持之以恒的人的。

悬梁刺股、凿壁偷光、囊萤映雪的千古美谈，不是纸上谈兵；爱迪生的伟大发明，爱因斯坦震惊世界的相对论，也不是一朝一夕就能炼成的。自古以来，许多仁人志士，都因勤学而成才。

“天才出自勤奋”。世界上没有生下来的天才，不要羡慕别人天资聪颖，只要你足够勤奋，你一样可以得到别人赞许的目光。

一位著名的书画家说过：“在艺术上我绝不是一个天才。为了探求精深的艺术技巧，我曾在苦海中沉浮，渐渐从混沌中看到光明。苍天没有给我什么独得之厚，我的每一步前进，都付出了通宵达旦的艰苦劳动和霜晨雨夜的冥思苦想。”每个人都不是天才，每个人也都不是蠢材，再笨拙的人都要“笨鸟先飞”。只要你足够努力，你就会被成功青睐。

王亚南是我国著名的马克思主义经济学家，还是《资本论》最早的中文翻译者。1933年他乘船去欧洲，客轮行到红海时，突然巨浪滔天，船摇晃得很厉害，使人无法站稳，有翻到海里的危险。这时，戴着眼镜的王亚南，手上拿着一本书，走进餐厅，对服务员说："请你把我绑在那根柱子上吧！"服务员以为他是怕自己被浪头甩到海里去，就照他说的话去做，把他牢牢地绑在柱子上。绑好后，王亚南拿起手中的书，聚精会神地读起来。船上的外国人看见了，都向他投来敬佩的目光，连声赞叹说："啊。中国人，真是了不起。"

一位著名的马克思主义经济学家，不是躺在被窝里，晒着暖暖的阳光，和"周公"谈笑风生这样得来的，《资本论》也不是在睡梦中就能翻译出来的。王亚南之所以有如此大的成就，除了他好学不倦，还和他的勤奋是分不开的。在那么危险的时候，他把生死置之度外，还要把自己绑在柱子上继续看书，那种决心不只是一句话就能做到的。为什么会有那么多名人勤奋好学的传奇故事，正是因为他们具有同样的勤奋，同样坚强的毅力和坚持不懈的精神。

勤能补拙。即使你觉得自己不够聪明，你也可以笨鸟先飞。就像站在同一个起跑线上，就算你比别人跑得慢，如果你比别人先跑，你会得到和别人一样的收获。"一分辛劳一分才"，如果你舍不得那一分辛劳，只是贪恋吃喝玩乐地享受生活，那你就永远收获不了那一分才。

上帝总是公平地把他手里的东西分给每一个人，而不会让一个人生下来就是天才。每个人都是平等的，关键是要看自己怎么做。富兰克林说过："没有任何动物比蚂蚁更勤奋，然而它却最沉默寡言。"蚂蚁是最渺小的动物，一阵轻风吹过，它们的世界就会"翻天覆地”，但是它们永远用自己瘦弱的脊梁挑起生活的重担。或许你无法选择环境，但是你可以改变环境。要用积极主动的心态去面对一切。勤奋的人是时间的主人，只要你足够勤奋，你就是胜者。

7. 借口会蚕食成功的信念

借口是失败的温床、成功的大敌。它能够瓦解一个人成功的意念，削弱胜利的欲望，削减人的耐心。在成功的道路上，缺乏耐性的人甚至有时候会嘲笑那些执著努力的人，就像嘲笑愚公移山的智叟。这些人忽视了一条法则：没有一蹴而就的成功。借口让他们不愿意去脚踏实地地走出每一步，而总是渴望一步登天。

石匠拥有的只不过是一个铁锤和一把凿子，而石头却坚硬无比。很多过路人看到石匠在硕大的石头面前，一锤锤地费力敲打，敲打了几百下之后，石头依然没有任何的裂痕。很多围观的过路人都在窃窃私语，还有人嘲笑石匠太自不量力。然而石匠兀自埋头苦干，在几千下敲击之后，最后一锤敲下去，巨大的石头轰然破裂。对于石匠而言，每一次敲击都是有价值的，正是这些细微的积累，才有了最后破裂巨石的力量。

借口会让人失去成功的机会，但哪怕是一次微小的成功，都可能对人生产生重大的影响。不要让借口毁掉成功的可能性，人生的辉煌正是由一次次的小成功铸就而成的。有人经常会这样对自己说：“这件事太微不足道了，我何必费心去做呢？”正是这种借口让人心安理得地放弃了努力去做的想法。而找借口的人却不知道，解决大问题时所需的能力与经验，正是在解决这些小任务的过程中，不断历练出来的。

美国橄榄球史上伟大的教练——锋士·隆巴蒂，曾经带领美国绿湾橄榄球队取得了令人难以置信的辉煌成绩。隆巴蒂训练球员的要诀很简单，就是要球员都牢记：“一定要取得比赛的胜利。如果不把目标定在非胜不可上，那比赛就没有丝毫的意义。不管打球、工作、思想，一切的一切，都应该‘非胜不可’。”他告诫球员，比赛就是不顾一切，不找任何借口地往前冲，无论横在你面前的是一辆坦克还是一堵墙，都不能成为你停下脚步的借口。在绿湾球员的心目中，只有胜利的欲望，没有其他的杂念。为了胜利，他们藐视一切，无视所有的困难。

给自己借口的人总是以事情太小为由，从而放弃努力；成功者却认真对待每一天的生活，正是每天的小成功，才能积累起了不起的大收获。

张立勇因为家里贫穷，从江西老家辍学，来到北京在清华大学做厨师。他带来的只有初中的英语学习课本，但是他在清华开始了从不间断的自学。他住在4平方米的小屋内，利用学生废弃的二手磁带和资料，每天坚持自学英语7～8个小时，有时学到凌晨两三点钟。他还把所有的生活和工作用品都贴上了英文。就是凭借这种水滴石穿的精神，2001年，张立勇参加了托福考试，并获得当年的最高分630分（670分满分），超过了所有接受过高等教育的大学生。在成功的道路上，绝没有小事，任何大的成功都源自小的积累。

那些以为事情太小不值得一做的人，正是忽略了每一个小进步都有其不可替代的意义。凭空建不起楼阁，那些埋藏在地下的石块并不为人所识，但却是恢弘建筑的根基。

要在成功的道路上不断前进，首先要耐得住寂寞。那些小的进步，就算别人看不到，没有给予赞赏，我们也应该为自己高兴，有小成功才会有大发展。只有不断地自我鼓励，才能让我们不放弃，不被不良情绪困扰。我们应该给自己一个每天都在进步的生活，而不是眼高手低，小事不肯做，大事做不了，只能浑浑噩噩地混日子。

因此，在生活中我们要牢记：借口是失败的温床，它只会令人失去成功。所以，无论生活还是工作，我们都不要给自己找借口，在困难与失败面前要毫不懈怠，坚持每天进步一点点，在发现机会的时候，全力出击，相信非凡的成就必将属于我们。

8. 不要把“不知道”挂在嘴边

在工作中，每当事情办砸、任务没有完成的时候，我们听到最多的就是“我不知道”、“我不知道怎么会这样”、“我想尽了办法，但不知道怎样才能改善”、“都是他们出的主意，我不知道他们的初衷”……或许事情确实像你所说的那样，你真的是什么都不知道，但是这样的态度却是不可原谅的，可以说这是典型的不负责任的态度。

不论是一个什么样的组织机构，彼此之间总会有着某些直接、间接的关系，所以在遇到问题和困难时，我们应该做的就是想办法怎样去解决问题，而不是两手一摊说“我不知道”，把自己撇得干干净净。

麦克是一家家具销售公司的部门经理。有一次，他听到一个秘密消息：公司高层决定安排他们这个部门的人到外地去处理一项非常难办的业务。他知道这项业务非常棘手，难度非常大，所以便提前一天请了假。第二天，上司安排任务时，恰好他不在，便直接把任务交代给他的助手，让他的助手向他转达。当他的助手打他的手机向他汇报这件事情时，他便以身体有病为借口，让助手顶替自己前去处理这项事务。同时，他也把处理这项事务的具体操作办法在电话中教给了助手。

半个月后，事情办砸了，麦克怕公司高层追究自己的责任，便以自己已经请假为借口，谎称自己不知道这件事情的具体情况，一切都是助手办理的。他想，助手是总裁安排到自己身边的人，出了事，让他顶着，在公司高层面前还有一个回旋的余地，假若让自己来承担这件事的责任，恐怕有被降职罚薪的危险。但是，纸是包不住火的，当总裁知道事情的真相后，便毫不犹豫地辞退了他。

面对指责勇于承担责任，显然是处理危机、解决问题的有效途径。其实老板最赏识的也正是这样的员工。承担起责任来吧，永远不要说你不知道。

9. 别拿小错误不当回事

承认错误、勇担责任应从小错开始。假如你总是无视小错，而不去关注它、改正它，那么，失败和低水平表现就会变成理所当然的事。

关注小错误是每一个成功者必备的素质。如果你仔细观察就会发现，成功者从来不会因为错误小就放过错误，一律都是认真对待。

现实工作中，有很多年轻人常常好高骛远，不愿意踏踏实实地工作，工作中出现一些小问题、发现了一些小错误从不愿深究，听之任之。他们的论点是："假如我所犯的错误性质十分严重，该由我承担责任，我一定会承认也愿意承担所有的责任；但如果是芝麻大的一点小错，再去那么认真地计较，难免有点小题大做，根本没有这个必要。"如果你是这样看待错误，那就大错特错了。

要知道，工作中无小事，更无小错，1%的错误往往会带来100%的失败。

在一次登月行动中，美国的飞船已经到达月球但却无法着陆，最终以失败告终。事后，科学家们在查找原因时发现，原来只是一节价值仅30美元的电池出了点问题。起飞前，工程人员在做检查时只重点检查了"关键部位"而把它给忽略了。结果，一节30美元的电池让几十亿美元的投资和科学家们的全部心血都付诸东流。这难道只是小错误吗？差之毫厘，谬之千里，任何一个小小的错误都有可能引起严重的甚至致命的后果，造成不可挽回的损失。

史蒂芬是位二十多岁的美国小伙子。几年前他在一家裁缝店学成出师后便来到得克萨斯州的一个城市开了一家裁缝店。由于他做活认真，并且价格又便宜，很快就声名远扬，许多人慕名而来找他做衣服。有一天，风姿绰约的哈里斯太太让史蒂芬为她做一套晚礼服，然而等史蒂芬做完的时候，却发现袖子比哈里斯太太要求的长了半寸。但哈里斯太太马上就要来取这套晚礼服了，史蒂芬已经来不及修改衣服了。

哈里斯太太来到史蒂芬的店中后，穿上了晚礼服在镜子前照来照去，同时不住地称赞史蒂芬的手艺。她按说好的价格付钱给史蒂芬，没想到史蒂芬竟坚决拒绝，哈里斯太太非常纳闷。史蒂芬解释说："太太，我不能收您的钱。因为我把晚礼服的袖子做长了半寸，为此我很抱歉。如果您能再给我一点时间，我非常愿意把它修改到您需求的尺寸。"

听了史蒂芬的话后，哈里斯太太一再表示她对晚礼服很满意，不介意那半寸。但不管哈里斯太太怎么说，史蒂芬也不肯收她的钱，最后哈里斯太太只好让步。

在去参加晚会的路上，哈里斯太太对丈夫说："史蒂芬以后一定会出名的，他勇于承认错误、承担责任以及一丝不苟的工作态度让我震惊。"

哈里斯太太的话一点也没错。后来，史蒂芬果然成为了一位世界闻名的服装设计大师。

所以说，大错是错，小错也是错。如果觉得小错无关紧要，不去及时地加以改正；那么等小错变成大错时，就已经悔之晚矣了。有小错的时候，我们应该早发现，早承认，早治理。只有这样，我们才能在成功的路上稳步前进，我们也才能飞得更高。

10. 借口会导致拖延的恶习

很多人都有拖延的毛病，《明日歌》中写道："明日复明日，明日何其多，我生待明日，万事成蹉跎。"由此可见，拖延是要不得的。无论干什么工作，都不能找借口，因为借口最容易滋生拖延的恶习。

寻找借口就是想为某种情况开脱。拖延的背后是人的惰性在作怪，而借口则是对惰性的纵容。对付惰性最好的办法就是根本不让惰性出现，千万不能让自己拉开和惰性开仗的架势。往往在事情的开端，总是积极的想法在先，然后当头脑中冒出"我是不是可以……"这样的问题时，惰性就出现了，"战争"也就开始了。一旦开仗，结果就难说了。所以，要在积极的想法一出现时不找任何借口，马上行动，让惰性没有乘虚而入的可能。

要想改变自己平庸的生活，就需要丢掉借口，立刻把自己的想法付诸实践。那些抱怨自己生活不如意的人并不知道，让他们无法改变现状的不是别人，正是他们自己。那些成就卓越的人，往往并不会在智商上高出平凡的人很多。人的成功并不完全取决于智商的高低，而是取决于对待事情的态度，那就是不给自己任何借口，毫不迟疑，立刻开始行动。

科学研究表明，人的大脑是一台非常精密的仪器，它的创造力远远高于我们的预期。大脑时常会呈现出富有灵感的想法，但甘愿失败的人则会找出无数条借口，来和大脑的灵感对抗。人们会说：“反正不着急，这个想法等到明天再说吧。”可是到了明天，他早就把点子抛到了脑后。人们还可能说：“现在条件还不成熟，等条件成熟了，再做也不迟。”可等条件成熟了，好的主意早就变成别人的行动了。人们还会说：“这算什么，我要做就做一个最完美的，一鸣惊人。”可是不付出实际行动的话，“完美”从何而来呢？

丢掉这些为自己辩护的借口，立刻采取行动，从当下开始，彻底改变慵懒的生活状态。

美国混合保险公司的创始人斯特隆曾说：“对我的人生影响最大的一句话就是：‘马上去做。’”这是斯特隆的母亲从小教导斯特隆的话，也是斯特隆一生的行为准则。

第二次世界大战后，美国经济大萧条使原本生意兴隆的宾夕法尼亚伤亡保险公司濒临破产。该公司归属巴尔的摩商业信用公司，而信用公司决定以160万美元的价格出售保险公司。当时的斯特隆已经拥有了一支非常优秀的保险推销队伍，这让他突然想到一个主意，并立即付诸了实践。他找到了商业信用公司的负责人，并告诉他要购买他们旗下的这家保险公司。公司的负责人告诉他：“当然可以，需要160万美元。”斯特隆说：“我没有这么多钱，但我可以向你们借。”

这个想法让负责人惊呆了。斯特隆解释道：“你们商业信用公司不就是给别人做信用贷款的吗？我完全有把握把保险公司做好，然后再把借来的钱还给你们。”斯特隆的建议意味着，商业信用公司不但拿不到一分钱，还要借钱给斯特隆经营保险公司。商业信用公司通过全面调查，了解了斯特隆以及他的优秀的保险团队，对他们的经营能力充满了信心。最后，斯特隆没有花一分钱，就获得了这家保险公司，并把它经营成美国著名的保险公司。

“马上去做”就是不要给借口任何可乘之机，不要去追究自己现在心情如何，身体如何，这个想法的成功概率到底有多大，等等。只有把想法付诸实践，才有可能成功。彻底丢掉借口，立刻处理手边的事情，不要只用“我知道”、“我会尽快处理”作为口头禅，却把事情丢在一边。我们经常会说：“您放心，我马上去做。”但随后又会告诉自己“我得先去吃饭”或“我得下班了，明天再说吧”。

某一天，列宁收到了一份来自前线的急电，内容是：“冬天到了，士兵缺少衣服，弹药也快用完了，十万火急，但总部机关迟迟未予回复。”列宁让通讯员把电报送到了总部。一个小时后，列宁打电话给部长，询问电报是否收到了。部长说：“没有收到。”列宁请部长去查邮件，部长回答：“我马上去，然后给您电话。”

“不，不，我等着。”列宁说。

部长立刻检查了电报，发现电报已经送达。他告诉列宁：“电报收到了，我和同志们研究一下，再回您电话。”

“不，不，我等着。”列宁说。

部长很快就回来汇报说：“一切都安排好了，正在和服装管理处联系，我随后告诉您消息。”

“不，不，我等着。”列宁仍然坚持说。

部长于是马上联系了服装管理处。拖延了一个月的问题，在列宁的督促下，只用了不到半个小时就解决了。

借口会让很多本可以立刻得到解决的问题拖延很久。找借口的人总认为时间还很多，手边的事情可以暂时不用做，因为他们内心中并不愿意立刻付出行动，如果每一件事情都可以暂时搁置起来，他们也就无所事事了。所以，要想成就一番事业就应该勇于战胜自我，大胆地摒弃借口，把行动放在首位，拒绝拖延，迈向成功。

11. 不要为自制力差找借口

所谓自制力，就是人们能够自觉地控制自己的情绪和行动。既善于激励自己勇敢地去执行采取的决定，又善于抑制那些不符合既定目的的愿望、动机、行为和情绪。

如果说，自制力是征服放任、杜绝借口的有效武器；那么反过来，借口、盲目纵欲又是自制力的腐蚀剂。借口不仅可以让人丧失自制力，放任自我沉迷，甚至养成各种不良嗜好；还会让人过度地关注自己的情绪，把大好时光花费在无谓的感叹上。只有不给自己找借口，才能成为一个拥有自制力的人，而不是变成“少壮不努力，老大徒伤悲”的典型。

在生活中，有些人总是会发出这样的感叹：“这个时代变化太快，我们的生活压力太大。”这些坐享其成的现代人，享受着高科技所带来的一切便捷，却还总是会生出很多的抱怨。这些抱怨最后都演变成了借口。这些给自己找借口的人，最后变成了终日沉迷于肥皂剧、网络游戏、麻将、扑克的人。因为他们认为在工作之余，他们不再忍受任何的工作，需要彻底的放松。有些人甚至因此养成了恶习，比如酗酒、赌博等，最后只能依靠心理医生的帮助，以摆脱这些生活陋习。事实上，我们的社会并没有这些心理孱弱的人想得那么可怕。现代科技让人们的工作效率更高了，也为人们提供了更多的生活服务：生活前所未有的便捷，娱乐消遣的方法不计其数，居住与工作的环境舒适宜人。只要仔细想想，稍微有点理性的人都知道，因“生活压力大”而自我放纵，只不过是缺乏自制力找的借口罢了。弗兰克林·班吉尔是美国最成功的保险推销员之一，他的成功秘笈就是：一旦投入工作就全身心地去做，绝不拖延或遗落任何可能成功的机会。他每天都在下班前就把第二天必须完成的工作列成清单，如果当天不能完成，就决不下班。

推销员是工作业绩考核压力最大的职业之一，他们不停地和客户交谈，解答客户的各种疑问，几乎需要马不停蹄地工作。如果班吉尔也为自己的忙碌找借口，告诉自己可以把今天的事情拖到明天或者后天，今天就到此为止，该下班轻松轻松了，那么他就永远不可能成为美国最成功的推销员之一。

不给自己找借口，能帮我们恪守社会道德的底线，不会因为自己的放纵而伤害到他人。丧失自制力的人很容易激化矛盾，因为在面对不理性的人时，他们更容易产生对抗情绪，这样的情绪无疑只会让事态更加糟糕。

在美国某一家公司的投诉接待处，曾经有过这样一段佳话。这家公司是销售服装的，每天都有很多气势汹汹的女人跑到这里来投诉：“我买的衣服缩水了。”“我买的衣服变形了。”“我买的衣服掉色了。”“我明明买了L号的，拿回家却变成了M号。”几乎每一位进来的女士都是怒气冲天的，但她们出去的时候，都会面带满意的笑容。是谁让这些看上去怒不可遏的女士们又变回了淑女的样子？很简单，公司的总经理请了一位笑容可掬的女士作为接待，她会认真地记录下问题，并告诉女士们应该如何处理这些出了问题的衣服。这位接待员其实是一位聋人，她永远听不到顾客的抱怨以及谩骂，只能通过助手传过来的纸条，看到顾客需要处理的问题。公司的经理说：“这些需要解决的问题通常都非常简单，但是由于顾客的怨气和不满，让一般的接待员非常容易和她们发生争执。这些接待员都有同一个借口，那就是顾客先辱骂了她们。后来，我们聘请了听不到抱怨的员工，这些问题就都解决了。顾客看到我们的接待员总是温文尔雅、笑容可掬，就会对自己不理智的行为感到惭愧，所以小问题很快解决了，她们的怒气也很快得到了平息。”

以非理性对抗非理性，只能导致冲突升级。只要就事论事，问题就非常容易地解决了。“那些顾客都疯了，她们对我大喊大叫。”这是接待员们为自己找得最多的借口。借口让她们丧失了自制力，完全忘记了本职工作，而是投入到和顾客的激烈争辩中。

从古到今，哲人颂扬人的自制能力，道德学家宣讲自制力的伟大，政治家鼓励个体的自制力，以促进社会的整体发展。自制力是人类最为重要的美德之一。但是，借口会从根本上瓦解人的自制力，只要想想那些“一失足成千古恨”的犯人，我们就能知道借口的危害。那些或面带愧色或毫无悔意的犯人对着记者的话筒，几乎总会用一半的时间来表述自己犯罪的借口，诸如“我当时恼羞成怒”、“我已经走投无路”，等等。其实，他们的根本问题就是丧失了自制力，不能控制自己的情绪，调动自己的理智。美国的社会学者曾在约19万名青少年罪犯中进行了问卷调查，结果有90%的犯人认为他们缺乏必要的自制能力，如果他们能够拥有一些自制能力，也许就不会犯罪。

为什么一个人最后沦落到了缺乏必要自制能力的地步？因为他把自己的人生交给了借口。没有钱的时候去偷窃，因为他们对自己说“我太穷了，没有办法”，但却忘记了最贫穷的人也能凭借劳动来维生。身居要位的人挪用公款，因为他们告诉自己“这万无一失，我不会被发现的”。酒后开车酿成大祸的人，当初也只是一念之差，借口便占了上风，“我没喝多少，绝对没有问题”，等等。

这些永远无法弥补的错误，都是由于一个人习惯了给自己找借口，逐渐对自己的行动丧失了判断力，对法律和道德体系视而不见。他在借口的纵容下，已经不能掌控自己的人生之船，最终撞上了漂浮在海面的冰川。

不给自己找借口，就能杜绝丧失自制力的可能性。让自己的理性占据上风，能够自觉地控制自己的情绪，善于激励自己勇敢地去执行决定，去抑制那些不符合既定目的的愿望，如此，你必定能够具备战胜失败不可或缺的良好自制力。

第二章

有借口浅尝辄止，有思路事半功倍

在工作与生活中，人人都希望能用最快、最有效的方法来解决问题以获得成功。然而有的人能做到，但有的人却做不到。这其中原因有很多，而是否有思路，是否懂得抓要点、抓根本，则是能否成功的关键。尤为重要的是，要杜绝借口的出现，因为一旦出现了借口，别说事半功倍，最多不过是浅尝辄止的结果。

1. 选准了目标才能有的放矢

没有目标，我们的梦想便是无的放矢，无处依归。有了目标，才有斗志，才能开发我们的潜能，也才能去为之寻找到达的方法。

有了目标之后，必须要明确它。因为模糊不清的目标不但帮助不了你到达成功的彼岸，反而会让你陷入迷惑之中，让你觉得成功太遥远，可望而不可即。

大家是否知道出租车行驶最危险是在什么时候？答案是：没有乘客的时候。

为什么呢？因为有乘客的时候，司机有目标，他就会全神贯注地驾驶，同时想方设法尽快到达目的地；而没有乘客的时候，他是盲目的，走到十字路口左转右转犹豫不定，同时左顾右盼精力分散。

有一句英国谚语说得好："对一艘盲目航行的船来说，任何方向的风都是逆风。"

人生的目标，不仅是理想，同时也是约束。有约束，才有超越，才有发展。就像一位跳高运动员，如果他的前面没有一根横竿，让他漫无目的自由地跳高，可以肯定，他永远也跳不出好成绩来。正确的方法是，在他面前设定目标，放置一根横竿约束他，让他不断地超越，横竿也就不断升高。甚至会有这样的情况，在一定范围内，横竿越高，跳得就越高；横竿很低时，他也跳不起来。因为，没有目标(横竿很低)时，他会产生强烈的“失落”感。

拿破仑·希尔告诉我们，目标必须是长期的、特定的、具体的、明确的。他说曾经有一个年轻人由于职业上的事情特地来找他帮忙，这位先生举止大方，聪明，未婚，大学毕业已经4年了。

希尔先从年轻人目前的工作谈起，并了解了他所受的教育情况、家庭背景以及对事情的态度。然后希尔问他：“你找我，目的是不是让我帮你换份工作呢？”

年轻人答道：“是的。”

希尔又问：“你想要一份什么样的工作呢？”

年轻人回答说：“问题就在这里，我真不知道自己该做什么。”

这个问题其实很普遍，特别是在一些年轻人当中。后来，希尔帮他和几个老板进行了接洽，但帮助都不大，这说明这种误打误撞的求职方法并不高明。希尔让他静下心来，先想明白自己适合哪项工作。希尔说：“不妨让我们换个角度想一下，10年以后你希望自己是个什么样子呢？”

年轻人沉思了一会儿，说：“我希望我的工作和别人一样，待遇很优厚，并且买下了一栋好房子。当然，更深入的问题我还没考虑好。”

希尔对年轻人说这是很自然的现象，他接着解释说：“你现在的情形就好比是跑到航空公司里说‘给我一张机票’一样，除非你说出你的目的地，否则人家无法卖给你。同样道理，除非我知道了你现实的人生目标，否则我无法帮你找到合适的工作。只有你自己知道你的目的地。”

这使得年轻人不得不开始认真地思考。两个小时过后，那名年轻人满意地离开了。希尔相信他已经学到了重要的一课：出发以前，先要有目标！

大多数员工也是如此。他们希望命运之风能够把他们吹入某个富裕又神秘的港湾。他们盼望在未来的“某一天”退休，在“某地”一个美丽的小岛上过着无忧无虑的生活。倘若问他们将要如何达到这个目标时，他们会很茫然地回答，或许会有“某种”方法的。其实他们不可能实现自己的理想。其原因在于他们从来没有真正定下生活的目标。一个没有目标的人，无异于盲人骑瞎马，其前景绝对不容乐观！拿破仑·希尔告诉我们，有了目标才会成功。目标是一个人对所期望成就的事业的真正决心。目标不是幻想，因为一个切实可行的目标完全可以带来实现的满足感！

人生没有目标，任何人都不可能成就任何事业。没有目标促使你采取任何实际的行动步骤，那么你就只能在人生旅途的十字路口上徘徊，永远抵达不了成功的彼岸。

就如空气对于生命一样，如果没有空气，没有人能够生存；目标对于成功也绝对重要，如果没有目标，没有人能够获得成功。前美国财务顾问协会的总裁刘易斯·沃克，曾接受一位记者采访。记者问道：“一个人不成功的主要因素是什么呢？”沃克回答：“模糊不清的目标。”记者请沃克作进一步的解释。沃克说：“我在几分钟前就问你，你的目标是什么，你说希望有一天可以拥有一栋山上的小屋，这就是个模糊不清的目标。问题就在于你所希望的‘有一天’不够明确。因为目标不够明确，成功的机会也就不会大。”

“如果你真的希望在山上买一栋小屋，你必须先找到那座山，计算出那间小屋的价格，然后考虑通货膨胀等因素，计算出若干年后这栋房子值多少钱。接着你必须决定，为了达到这个目标每个月要存多少钱。如果你真的这么做了，你可能在不久的将来就会拥有山上的那栋小屋。但你如果只是说说而已，梦想就不可能会实现。梦想是愉快的，但没有配合实际行动计划的模糊梦想，说白了也只是妄想而已。”

有一个有趣的现象常常被人们忽略掉，更把它蕴涵的深刻道理给遗忘掉了！在阳光底下将放大镜放到报纸的上方，距报纸有一小段距离。如果放大镜是移动的话，永远也不会使报纸被点燃；而当将放大镜的焦点对准报纸的某一部位，用不了多久，报纸就会被点燃。

同样道理，不管你具有多少能力或是才华，如果你无法管理它，不是将它聚集在特定的规划上，并且一直保持在那里，那么你永远无法取得成功。

许多优秀的成功人士都有过这样的切身感受：明确的目标会带给自己创造的激情火花，它就像成功的助推器，会推动自己向理想靠近或飞跃。一个人如果没有明确的目标，就会失去崇高的使命感，也就丧失了进取的活力。

对个人而言，在你决定了你所追求的明确目标之后，你就等于作出了人生最大的选择！

有了美好的理想，你就会看清自己想要获取什么样的成功；有了明确的目标，你就会有一股无论顺境还是逆境都勇往直前的冲劲。

2. 分解目标，实现大未来

我们也许没有能力一次就取得一个大的成功，但我们可以积累无数个小成功。一个小成功并不能改变什么，但无数的小成功加起来就可以让我们成为巨人。

中国有句俗话："一口吃不成个胖子。"同样，成功也如此。

我们常常十分急躁地埋头于解决问题的过程中，希望尽快地摆脱困境，获取成功。但是，当我们并没有认真了解这个问题，只是一心想着要快速解决问题的时候，是很难获得巨大成功的。

我们常常被一些问题的复杂和棘手所吓倒，认为解决它几乎是“不可能完成的任务”。但你是否尝试过将这个吓倒了你的大问题分解成一个个小问题来解决呢？

在《约翰·冯·诺伊曼传》中有这样一段话：

1954年10月，总统任命诺伊曼为美国原子能委员会成员。他多年的老朋友施特劳斯是这样评价他为该委员会服务的情况的：

“从被任命到1955年秋，约翰干得很漂亮。他有一种使人望尘莫及的能力。最困难的问题到他手里，都会被分成一件一件看起来全是十分简单的事情。而我们所有的人都奇怪为什么自己不能像他那样清楚地看透问题的答案。用这种方法，他大大地促进了原子能委员会的工作。”

当一个人无法将整块牛排吞下去的时候，该怎么办？认为我们根本无法吃下那块牛排吗？当然不是。我们可以使用工具，将牛排切成小块，这样我们便能顺利进食了。

现实中的问题常常是错综复杂的，我们很难将问题一下完美解决。这时，我们就可以尝试将一个大问题分割成不同的小问题，逐个击破。这样远比毫无头绪地寻找一个一次就可以解决的方法要来得实际和有用得多。

1983年，伯森·汉姆徒手登上纽约帝国大厦，在创造了吉尼斯纪录的同时，也赢得了“蜘蛛人”的称号。美国恐高症康复协会得知这一消息后，致电“蜘蛛人”汉姆，打算聘请他做康复协会的心理顾问。因为在美国，有数万人患有恐高症，他们被这种疾病困扰着，有的甚至不敢站在椅子上换一只灯泡。伯森·汉姆接到聘书，打电话给协会主席诺曼斯，让他查一查他们协会里第1042号会员的情况。这位会员的资料很快被调了出来，他的名字叫伯森·汉姆，就是“蜘蛛人”自己。原来，这位创造了吉尼斯纪录的高楼攀登者，本身就是一位恐高症患者。

诺曼斯对此大为惊讶。一个站在一楼阳台上都会心跳加快的人，竟然能徒手攀上三百多米高的大楼，这确实是个令人费解的谜。他决定亲自去拜访一下伯森·汉姆。

诺曼斯来到费城郊外汉姆的住所。这儿正在举行一个庆祝会，十几名记者正围着一位老太太拍照采访。原来汉姆94岁的曾祖母听说汉姆创造了吉尼斯纪录，特意从100公里外的葛拉斯堡罗徒步赶来。她想以这一行动为汉姆的纪录添彩。谁知这一异想天开的想法，无意间竟创造了一个94岁老人徒步行走的纪录。

《纽约时报》的一位记者问她：“当你打算徒步而来的时候，你是否因年龄关系而动摇过？”

老太太神采奕奕，朗朗地笑着说：“小伙子，打算一口气跑100公里也许需要勇气，但是走一步路是不需要勇气的。只要你走一步，接着再走一步，然后一步接一步，100公里也就走完了。”

恐高症康复协会主席诺曼斯紧接着问伯森·汉姆：“你的诀窍是什么？”

伯森·汉姆看着自己的曾祖母说：“我和曾祖母一样，虽然我害怕三百多米高的大厦，但我并不恐惧一步的高度。所以，我战胜的只是无数个‘一步’而已。”

我们也许没有能力一次就取得一个大的成功，但我们可以积累无数个小成功。一个小成功并不能改变什么，但无数的小成功加起来就可以让我们成为巨人。对于故事中那对祖孙来说，三百多米的大厦和100公里就是他们的成功目标。当别人绞尽脑汁想要如何如何的时候，他们却将实现这远大目标的困难分解成了无数个“一步”，通过无数个“一步”的完成，最终解决了问题，获得了成功。

在我们的工作中，也有许多通过将问题分解成小问题，然后一一解答，来解决一个大问题的实例。例如编写一个计算机软件程序，这个软件可能要有非常巨大的功能，但是再强大的软件都是通过分成一个个小部分编写来实现的。

曾经有一位名叫希瓦勒的乡村邮递员，每天徒步奔走在各个村庄之间。有一天，他在崎岖的山路上被一块石头绊倒了。他发现，绊倒他的那块石头的样子十分奇特。他捡起那块石头，左看右看，有些爱不释手。

于是，他把那块石头放进自己的邮包里。村子里的人们看到他的邮包里除了信件之外，还有一块沉重的石头，都感到很奇怪，便好意地对他说：“把它扔了吧，你还要走那么多路，这可是一个不小的负担。”

他取出那块石头，炫耀着说：“你们看，有谁见过这样美丽的石头？”人们都笑了：“这样的石头山上到处都是，够你捡一辈子。”回到家里，他突然产生一个念头，如果用这些美丽的石头建造一座城堡，那将是多么美丽啊。后来，他每天在送信的途中都会找到几块好看的石头。不久，他便收集了一大堆，但离建造城堡的数量还远远不够。于是，他开始推着独轮车送信，只要发现中意的石头，就会装上独轮车。

此后，他再也没有过上一天安闲的日子。白天他是一个邮差和一个运输石头的苦力，晚上他又是一个建筑师。他按照自己天马行空的想象来构造自己的城堡。

所有的人都感到不可思议，认为他的大脑出了毛病。

二十多年以后，在他偏僻的住处，出现了许多错落有致的城堡。当地人都知道有这样一个性格偏执、沉默不语的邮差，在做一些如同小孩子们建筑沙堡的游戏。

1905年，法国一家报社的记者偶然发现了这些城堡。这里的风景和城堡的建造格局令他慨叹不已，为此他写了一篇介绍希瓦勒的文章。文章刊出后，希瓦勒迅速成为新闻人物。许多人都慕名前来参观，连当时最有声望的大师级人物毕加索也专程参观了他的建筑。

现在，这个城堡已成为法国最著名的风景旅游景点之一，它的名字就叫做“邮递员希瓦勒之理想宫”。在城堡的石块上，希瓦勒当年刻下的一些话还清晰可见。

有一句话刻在入口处的一块石头上：“我想知道一块有了愿望的石头能走多远。”据说，这就是当年绊倒过希瓦勒的第一块石头。看似是无法解决的困难，被分解之后，解决起来就轻而易举了。

的确，用捡来的石头建造一座座城堡的确是十分困难的，是一个几乎无法解决的大问题，所以当年有许多人嘲笑那位邮差。但是当邮差将困难分解到每日的行动中去的时候，他所要做的仅仅就是每天捡些石头，将它放在自己认为最合适的地方而已。

分解问题有助于解决问题，获取成功。当一个原先令你畏惧的问题被分解成一个个小问题放在你面前时，你就能够轻而易举地征服它们。所以，尝试用吃牛排的方法来对待你的问题，你会发现获得成功要容易得多。

3. 创新往往可以出奇制胜

创新是一种非常美妙的方法，它会让你拥有无数的梦想，让你渴望自己的生活变得与众不同；它会鼓励你去尝试做一些新事情，从而把一切变得更美妙、更有效、更方便。

也许对大多数人来说，创新、创造仍是陌生而神秘的，似乎它只是少数天才的专利。熊彼得先生在给学生上课的时候，就曾经责怪爱因斯坦创造了天才的物理学理论，但没有给后人留下他如何思考问题的方法，因而后人很难向他学习。其实，创新有大有小，内容和形式也可以各不相同。特别是在当今社会，创新活动已经不仅是科学家、发明家在实验室里的工作，它已经深入普通人的生活、工作、学习之中，已经是人人都可以进行的社会实践活动。所以说任何人，在生活、工作的各个方面随时随地都可能碰撞出创新的火花。

在工作中，许多员工由于害怕承担责任，一味地墨守成规，惧怕改变，不愿意尝试用新的方法做事，也从不去想新的方法。

海尔公司在开拓海外市场时，并没有一味地依照国内的老方法，而是针对当地的学生，专门请了美国当地人来设计电器。

美国的学生大多是租房子住，而在美国的很多地方，特别是在纽约，房价十分贵，寸土寸金，所以学生们租的房子都非常小。于是海尔公司根据这个特点，把冰箱台面设计成一个小桌子，这样就节约了很大一部分空间。

后来，设计师又把小桌子改装成一个折叠的台面，可以把电脑放在上面。这种设计迎合了学生的需求，所以特别受学生欢迎。每一次成功的背后，都会有一个精美的创意。它就像火箭上的加速器一样，推动你迈向成功！

如果你创新的点子适合公司的发展，那么你的这个创新就可以得到公司的认可，公司就会帮助你将这个创新的点子转化为行动，你也会因此得到发展。创新的点子成为你迈向成功的开端。

创新就像一颗在你头脑里发了芽的种子，这颗种子一旦遇到合适的土壤就会飞速成长，成为参天大树。

柯特大饭店是美国加州圣地亚哥市的一家老牌饭店，由于原先配套设计的电梯过于狭小老旧，已无法适应越来越多的客流。于是，饭店老板准备改建一个新式的电梯。他重金请来全国一流的建筑师和工程师，请他们一起商讨该如何进行改建。

建筑师和工程师的经验都很丰富，他们讨论的结论是：饭店必须新换一个大电梯，为了安装好新电梯，饭店必须停止营业半年时间。“除了关闭饭店半年就没有别的办法了吗？”老板的眉头皱得很紧，“要知道，这样会造成很大的经济损失……”“必须得这样，不可能有别的方案。”建筑师和工程师们坚持说。就在这时候，饭店里的清洁工刚好在附近拖地，听到了他们的谈话，他马上直起腰，停止了工作。他望望忧心忡忡、神色犹豫的老板和那些一脸自信的专家，突然开口说：“如果换上我，你们知道我会怎么来装这个电梯吗？”

工程师瞟了他一眼，不屑地说：“你能怎么做？”

“我会直接在屋子外面装上电梯。”

“多么好的方法啊。”工程师和建筑师听了，顿时诧异得说不出话来。

很快，这家饭店就在屋外装设了一部新电梯。在建筑史上，这是第一次把电梯安装在室外。

所以，一件事，不要因为别人都这样做，我们也一定要这样做；不要因为过去是这样做，现在就得这样做。换一种思路，换一种方法，在解决问题的同时，你会发现结果可能更好。

瑞士以手表和巧克力闻名世界，尤其是瑞士的手表，以其性能精准、持久耐用和款式经典雄踞世界100多年。但总有一些其他国家的手表制造者想尝试与手表王国一争高下。

“西铁城”手表就是其中的一个。当时，日本研制成了性能良好的“西铁城”手表，又一次向钟表王国发起了冲击。

但是，想要在手表王国瑞士几乎垄断了手表业的情况下打开产品销路，谈何容易。刚上市的时候，“西铁城”手表并不受人赏识，无法打破瑞士手表控制手表行业的局面。连续的亏损让“西铁城”愁眉不展。为此，公司专门召开高级职员的会议，来商量对策。

许多人都将打开销路的目光放在了广告上。

有人建议：“我们应该扩大宣传，多多占用电视台的黄金时间和报纸的广告版面，以铺天盖地之势，给人造成先声夺人的印象。在消费者面前混个脸熟，让他们购买手表的时候，就能想到我们的手表。”

总经理点点头，“对，应该大做广告。不过宣传的效果不能近期奏效，况且，现在的广告过多过滥。”

又有人接着说：“针对广告过多过滥不真实的问题，我们不妨要公众眼见为实。我们可以尝试在公众面前做破坏性试验。通过这种公开的试验，让大家了解我们西铁城的良好性能，大家就能接受我们的产品。”

还有人补充说：“我们不妨采取奖励性的措施，最好的奖励物品莫过于‘西铁城’手表本身。这样能使我们的手表迅速推向市场。”

通过了漫长的讨论，最终大家想出了一个奇异的方法。不久，公司通过新闻媒介发出了一条令人震惊的消息，某时将有一架飞机在某地抛下一批“西铁城”手表，谁拾获手表，表就归谁。

这条消息在社会上引起了很大的轰动。街头巷尾都在谈论这则消息。到了指定的那天，人们怀着好奇和怀疑的心情，像潮水般地涌向指定地点。

指定的时候到了，只见一架直升机飞临人群的上空，盘旋片刻后，在百米高空向人群旁的空地上洒下一片“表雨”。期待已久的人们，涌上去捡表。抛下的表是如此之多，以致使大家都有所收获。捡获手表的人们在惊喜之余还发现“西铁城”手表在空中丢下后，居然还在走动，甚至连外壳都未受损害，对“西铁城”手表的质量连连称奇。人们不禁感叹：“‘西铁城’的表真是精良耐用，名不虚传。”

后来，电视台又播放了这次抛表的实况录像，使“西铁城”品牌很快深入人心，那些没有在现场的人也对“西铁城”手表充满兴趣。销路一下打开了。“西铁城”也成为了世界知名的手表品牌。

爱因斯坦曾经说过，人是靠大脑解决一切问题的。创新方法并不是神秘莫测、高不可攀的，它完全可以通过培养、训练来提高。

4. 在他人的经验中寻找机遇

运用模仿的方法来获得成功，可以说是一种借鉴他人经验来获得自身成功的方法，许多人能解决问题或是获得成功，都是在模仿的基础上进行创新，加入自己独特的元素，从而将他人的东西变成自己的东西。

沃尔玛连锁百货公司的创始人山姆·沃尔顿曾经说过：“其实我做的每一件事的方法都是从别处学来的。”安东尼·罗宾也曾说：“就我看来，模仿是通往卓越的捷径。也就是说，如果我看见有人做出让我羡慕的成就，那么只要我愿意付出时间和努力的代价，也可以得出相同的结果来。”

小孩子都是先模仿着爸爸妈妈的话，才开始慢慢学会组织自己的语言，许多成功其实也都是建立在模仿的基础之上。

模仿与创新并不矛盾。在陌生的环境下，对问题不了解或是无从下手的时候，不妨就借鉴他人的经验，模仿别人的做事方式。这也是一种非常有效的方法。

有一个法国人，42岁时仍一事无成。他也认为自己简直倒霉透了：离婚、破产、失业……他不知道自己生存的价值和人生的意义。他对自己非常不满，变得古怪、郁闷，同时又十分脆弱。有一天，一个吉卜赛人在巴黎街头算命，他随意一试。吉卜赛人看过他的手相之后，说：“您是一个伟人，您很了不起。”

“什么？”他大吃一惊，“我是个伟人，你不是在开玩笑吧？”

吉卜赛人平静地说：“您知道您是谁吗？”

“我是谁？”他暗想，“我是个倒霉鬼，是个穷光蛋，是个被生活抛弃的人。”但他仍然故作镇静地问，“我是谁呢？”

“您是伟人，”吉卜赛人说，“您知道吗，您是拿破仑转世！您身体流的血，您的勇气和智慧，都是拿破仑的啊！先生，难道您真的没有发觉，您的面貌也很像拿破仑吗？”

“不会吧……”他迟疑地说，“我离婚了，我破产了，我失业了，我几乎无家可归……”

“那是您的过去，”吉卜赛人说，“您的未来可不得了！如果您不相信，就不用付钱给我了。不过，5年后，您将是法国最成功的人！因为，您就是拿破仑的化身！”

他表面装作极不相信地离开了，但心里却有了一种从未有过的美妙感觉。他对拿破仑产生了浓厚的兴趣。回家后，他想方设法寻找与拿破仑有关的著作来学习。渐渐地，他发现，周围的环境开始改变了，朋友、家人、同事、老板，都换了一种眼光看待他，事业开始顺利起来。后来他才领悟到，其实，一切都没有变，是自己变了。他的气质、思维模式，都在自觉地模仿拿破仑，就连走路、说话都像极了。13年以后，也就是在他55岁的时候，他成了亿万富翁，成了法国赫赫有名的成功人士。

通过模仿拿破仑、了解拿破仑，这位中年人改变了自己的命运，获得了成功。其实关键并非是他模仿了谁，而在于他将成功人士的成功品格内化，变成了他自己的品格。是他的模仿改变了他，让他获得了成功的根基。

美国报纸曾经以“一个针孔价值百万美元”为大标题，竞相报道一个小发明。据说这一发明就是通过嫁接性模仿来获得的。

发明的灵感来源于美国制糖公司为了解决砂糖变潮，在糖包装盒上开一个小孔的方法。美国制糖公司每次把糖输出到南美时，砂糖都在海运中变得潮湿，损失很大。为了克服这个缺点，他们花费了许多时间和资金，邀请专家从事研究，但始终找不出一个良好的方法。

该公司有个工人，他也在动脑筋，希望能够想出一个简单的防潮法。后来他终于发现，在糖包装盒的角落上戳个针孔，使它通风，就能达到防潮的目的。

这个方法竟然使糖横渡大西洋而不至于潮湿了。这位工人也因此获得了丰厚的报酬。

一位先生听了这消息之后，立即激起一股模仿热，希望自己也能够戳个洞防湿或防蒸汽，以获得专利权，于是便东戳西戳地开始研究。

他到处进行戳孔实验，最后发现在打火机的火芯盖上钻个小孔，可使普通注一次油只能维持10天的打火机保持50天之久。

这位先生感到异常惊喜，于是实验各种打火机，结果证实了每个钻孔的打火机，都能够灌一次油保持50天以上。他马上向政府申请专利，然后开始大量生产这样的打火机。结果打火机销路极佳，他赚取了大量的利润。

可以说，如果没有这样一个嫁接性的模仿，他是不会取得这样的成功的。其实并不希望大家整天都在寻找各类“小孔”，而是向大家灌输一种模仿的理念：当你发现好的想法、经验时，你完全可以借鉴，在理解、创新之后，将其变成自己的东西。

现在有许多人都反对模仿，其实这来源于对模仿的错误认识。不同的模仿，我们也应不同对待。那些双赢类的模仿，或是对他人经验的借鉴，或是根据实际情况，经过自己的思考甚至加以改良的模仿，是应该得到支持的，因为这些模仿都是经过模仿者的思考的。而对于那些恶意模仿，损害他人的利益，或是完全地不经思考的“拿来主义”，则应当抵制。因为那些单纯甚至恶意的模仿，不仅帮助不了自己成功，反而会阻碍自己发展，就像下面的故事那样。

战国时期，赵国的都城邯郸一带，人们不仅穿衣打扮很得体，就连走路的姿态也非常优美。外地来的人十分羡慕，也都想学一学。

赵国的北部，燕国寿陵的一位少年听到这个消息，就从很远的家乡来到邯郸，学习邯郸人走路的姿势。到了邯郸，他来到大街上，发现这里的人走路的姿势确实与自己走的姿势不一样，并且比自己走得好看。他十分高兴，便下决心一定要学会。这时，一位年轻人走过来，于是他就跟在这位年轻人后边学起来。年轻人迈左腿，他也抬左腿；年轻人迈右腿，他也抬右腿。但是他顾了腿顾不了胳膊，顾了下身忘了上身，只忙得满头大汗，还是手忙脚乱没学出个眉目来。

这时，年轻人已走远了。一位花白胡须的老年人走过来，寿陵少年又赶紧跟在后边学起来。但毕竟老年人有老年人的特点，不论他怎样学，也不像样，不美观。老年人走远后，一位年轻妇女走过来。这位年轻妇女走起路来又轻快，又沉稳，真是美极了。寿陵少年看到后，又赶紧跟在这位妇女后边学了起来。谁知没学几步，倒惹得许多人指指点点，忍不住掩口嗤笑。这位学步的少年十分不好意思，想赶快离开这里。慌乱之中，少年不但没学到邯郸人走路的姿势，反倒连自己原来走路的方法也忘掉了。他只好爬着回去了。

工作中会遇到各种各样的问题，我们不可能全都知道怎么解决或是有经验。适当借鉴他人的方法经验，不失为一种快速获得成功的方法。对于一些常规性问题来说，模仿，更是一种合理的方法。

许多工作出色的人往往善于从别人的经验中找方法，走捷径，化难为易，快速解决问题。

合理地选择模仿对象，根据实际情况借鉴和模仿，然后经过自己的思考在模仿的基础上创新，这样解决问题不但不是一种抄袭，相反，还是一种智慧。

5. 换位思考是获得成功的诀窍

换位思考，可以让我们突破固有的思考习惯，学会变通，解决常规性思维下难以解决的事情；换位思考，可以让我们了解别人的心理需求，感受到他人的情绪，将沟通进行到底；换位思考，可以让我们揣摩到对方的心理，达到说服对方的目的；换位思考，可以让我们欣赏到他人的优点，并给对方真诚的鼓励，使团队和谐高效；换位思考，可以让我们很好地进行服务定位，成功销售我们的产品；换位思考，可以让领导者得到下属的拥护；换位思考，可以使下属得到上级的器重……

换位思考，顾名思义，就是转换自己的角色，站在别人的立场上去思考。在处理问题的时候，这是十分关键的一种方法，在处理人与人之间的关系时也十分有效。同时，换位思考有助于我们走出自己既定的限制，使我们能够看到平时看不到的事物。

曾经有一篇文章介绍美国一所中学，其中就提到了这所中学的校长是如何处理学生问题的。

当某个学生违反了校规，校长就会将这位学生叫到办公室来，让学生坐在校长的椅子上，自己则坐在来访者的椅子上，然后才开始交谈，处理问题。当问到这是为什么时，这位校长说，这样做能使学生处在学校负责人的位置，更好地考虑和认识自己所犯的错误。

互换角色，是相互理解、获得成功的好方法。许多时候，人们站在自己的位置时无法看到自身的不足和错误，但换到对方的角度，或许能看得一清二楚。

当然，对于解决问题来说，换位思考的方法不仅仅能帮助你协调人际关系，更能使你了解对手，甚至通过预测对手的行动，占得先机而获得成功。

第二次世界大战的时候，英国的蒙哥马利将军屡建奇功。他有一个习惯，就是将敌军统帅的照片放在自己的办公桌上。与敌军进行战斗时，他总会看着对手的照片，问自己："如果我处在他的位置，我会怎么做？"他认为，这对他做到知己知彼、克敌制胜大有好处。

第二次世界大战末期，当苏联红军突击部队抵达距柏林不远的奥得河时，由于与后续部队脱节，人员和物资都供应不上，出现了十分危急的情况。

突击部队的统帅朱可夫苦苦思考该如何打开局面。他问他的坦克集团军总司令卡图科夫："假如你是德军柏林城防司令官古德里安，手中掌握23个师，其中有7个坦克师和摩托师，朱可夫现已兵临城下，而后续部队还远在150公里之外。在这种局面下，你会采取怎样的行动？"

卡图科夫思索了一会儿，说："如果是我，我会用坦克师从北面发动攻击，切断后续部队来会合的通路。"

“的确，如果是我，我也会这么做。这是唯一的好机会啊。”于是朱可夫立即下令第一坦克集团军火速北上，一举歼灭实施侧翼反击的德军，保证了柏林战役的胜利。

无论是蒙哥马利还是朱可夫，他们的成功都借助于换位思考。在工作中我们也同样应多问问自己：“如果我是那位客户，我会怎么做？如果我代表着那家公司，我会如何跟客户合作？”换位思考能帮助我们更好地了解对方，而只有了解对方，才可能战胜对方，从而走向成功！

当问题发生的时候，假设自己是对方，站在对方的角度来看待问题，思考对策，这往往能让你预测到对手的行动。

曾经有三位旅行者结伴穿越沙漠。他们带了足够的食物和水，匆匆上路。但是，第九天时，他们发现自己迷了路。他们在沙漠中徘徊，一天天过去，食物和水越来越少，但是他们依然没有走出沙漠。

该怎么办？这样下去大家都会死去。三个人都开始担心自己的命运，他们不断向神灵祷告，希望他们能帮助自己。这时，死神出现了。

旅行者们几乎不敢相信自己的眼睛。死神站在他们面前，对他们说：“我可以帮助你们，但是只能帮助其中的一个人，他将走出沙漠，继续活下去。而我将得到另外两人的灵魂。”

旅行者们十分痛苦，既希望自己能活着走出沙漠，却也不愿意放弃自己的伙伴，他们的心在受着煎熬。

“我将出一道题目考考你们，谁最先正确回答出来，就是那个能活着出去的人，你们愿意接受吗？”死神问道。

三人互相看了看对方，因为如果不接受，大家都会死，还不如有一个能活下来，而这样挑选幸存者的方法看来还算公平。于是他们接受了。

死神运用法术将他们带到一间屋子里。屋子里很暗，只有一盏小油灯提供光线。房间里放着一张桌子和三把椅子，桌子上有五个一模一样的盒子。

“这五个盒子里各有一顶帽子。五顶帽子，有三顶黑的，两顶白的。你们现在各自挑选一个盒子，坐到一把椅子上。然后将帽子戴在自己的头上。坐在前面的人不允许回头看身后的人。我将给你们5分钟时间，你们必须说出自己头上戴的帽子是什么颜色的。我再重申一遍，最先回答出正确答案的就是幸存者。你们只有一次回答机会，所以必须好好思考。”

听完这些话，三个人都发现，坐在前面的人胜算最小，因为他无法看到其他两人的帽子颜色。而坐在最后的人胜算最大，如果前面两人的帽子都是白色，那他就幸运了。

他们选了盒子，都抢着要坐到最后，而三人中年纪最小的那个人则坐在了最前面。

时间一分一秒地过去，三人谁也不敢贸然抢答。因为说错了，就意味着死亡。突然，坐在最前面的年轻人举起了他的手：“我知道我的帽子是什么颜色的了。”死神让他说。

“黑色。我的帽子是黑色的。”

“恭喜你，你获得了生存的机会，”死神说，“但是，你能告诉我你是怎么猜到的吗？”

“这需要一点运气，但也需要智慧。我想，如果我是最后面的人，他如果看到两顶白帽子，一定会毫不犹豫地说自己的帽子是黑色的。但是他一直都没有说话，那说明他看到的可能是两顶黑帽子，或者是一黑一白。坐在中间的那位，肯定也猜到了最后那人的心思，要是他看到了我头上戴的是白帽子，那他一定会知道他自己戴的是黑色的帽子。但是，他也没有说话，因为他难以做出定论，他一定是看到我戴的是黑色的帽子，所以他无法确定自己戴的帽子是什么颜色。”

“你真是一个聪明人，”死神忍不住称赞，“他们很不幸，只能死去，将灵魂交由我掌管了。”

“等等，这对他们不公平，”年轻人说道，“他们坐在后面，如果不靠瞎猜的话，或是出现特别幸运的情况，他们根本不可能获得正确答案。”

“的确如此。不过因为你很聪明，并且你有勇气向我求情，我愿意将你们三个都送出沙漠，你们都可以继续活下去了。”年轻人能获得成功，解答谜题，靠的是智慧和勇气，同时也是因为他的换位思考。他将自己放在了其他两人的位置，了解站在他们的角度是如何思维的，再运用逻辑排除的方法，终于得到了正确的答案。

换位思考，是你成功的诀窍。

6. 以退为进比激进更有效

当我们遇到问题的时候，坚持不懈，怀着不解决问题不罢休的理念是正确的。但是，并非要人们一味地往前冲。在解决具体问题的时候，我们应当具体分析对待，能进也能退。有时候，用迂回的方法会更有效。

曾经有一个律师得了重病，已经不可救药，而独生子此刻又远在异乡，不能及时赶回来。

当他知道自己死期将近时，怕仆人侵占财产，篡改自己的遗嘱，于是便立下了一份令人不解的遗嘱：“我的儿子仅可从财产中选择一项，其余的皆送给我的仆人。”

律师死后，仆人便高高兴兴地拿着遗嘱去寻找主人的儿子。律师的儿子看完了遗嘱，想了一想，就对仆人说：“我决定选择一样，就是你。”这样，聪明的儿子立刻得到了父亲所有的财产。

如果你是那位律师，你会怎么做呢？担心仆人侵占自己的财产，但说教、阻止、威胁等手段都无法起到很好的作用。这时该怎么做？其实，律师就是采取了迂回的方法，以退为进，放长线钓大鱼，先给对方尝点甜头，稳住对方，才能攻无不克。

现实生活中，有许多问题也是如此。如果和对方硬碰硬，过度地强硬，有时并不能取得成功，相反还会将关系弄僵，很难再解决好问题。这种时候，采用迂回的方法，采用退一步、进两步的策略，以退为进，柔性地解决问题，可能才是更好的方法。

以色列有一所学校，每年都要举行一次智力竞赛。这一年，智力竞赛又拉开了序幕。全校的学生大部分报名参加了这次比赛，竞争非常激烈。终于，经过艰苦角逐，全校选出了8名最聪明的学生，大家都等着看哪一位能获得第一名。

校长把参加决赛的8名选手带进了教学楼第一层，指着8间教室，又指指大门，说：“我现在把你们分别关在8间教室里，门外有人把守，看你们谁有办法，只说一句话，就能让门外的警卫把你放出去。不过有两个条件：第一，不准硬闯出门；第二，即便放出来，也不能让警卫跟着你。也就是说，出来的理由够充分，让他们心服口服。”校长说完，微微一笑：“好了，孩子们，你们可以开始了！”

8位学生各自走进了教室，思考着用什么样的一句话，能让警卫放自己走出教室。然而，4个小时过去了，还是没有一个人发出声响。

正当别的同学苦思冥想的时候，有个学生很惭愧地低声对警卫说：“警卫叔叔，这场比赛太难了，我不想参加了，我认输了，请您让我出去吧。”警卫听了，打开了房门，让他走了出来。看着这个临阵退缩的小家伙垂头丧气地走出了教室，警卫惋惜地摇摇头。然而刚走出教室的小家伙又回来了。他走到大厅里，对校长说：“校长，您看，按您的要求，我办到了！警卫叔叔在没有任何怨言的情况下给我打开了门。”

校长伸出手一把抱起了这个孩子，高兴地说：“孩子，你是这次竞赛的胜出者！你是最最聪明的！”

以退为进，这是一种自我表现的艺术，也是一种生存竞争的策略。有时候，不必刻意地追求反而有所得，追求得太迫切、太执著却未必能够如愿以偿。

面对问题、障碍时，不妨后退几步，从另一个角度入手解决问题，这就是迂回的方法。

一个在外贸公司干了十多年的中年人由于公司的突然倒闭，失业了。刚开始，中年人信心十足，觉得凭借自己多年的从业经验和不错的英语口语，在对口单位找个“饭碗”应该是轻而易举的，也许运气好的话还能当个“经理”。然而他赶了好几场招聘会，也去了许多公司应聘，但总是屡屡碰壁。

一天，中年人在报纸上看到一则招聘广告后精神大振。那是一家刚获得出口权做冰激凌机的企业，急招高手加盟，待遇丰厚。广告特别提到，有专业经验人士可以优先。中年人琢磨着，如果还是按平常那样去递简历、面试很可能会被拒绝。经多方打听得知，工厂正准备接待一位美国新客户，急着要找个略通制冷专业、英语口语不错的人当翻译。于是中年人想方设法找上了门。与总经理见面后，中年人并没有直接谈应聘的事，只说一定会把这项工作帮忙做好。那几天，中年人以“合法身份”在厂里的网站上查阅资料，下车间细看工艺流程，恶补有关专业术语，向工程师虚心请教。经过为期一周的精心准备，中年人对当好翻译兼商务谈判助手已胸有成竹了。

外商如期而至。陪客户看设备和进行商务谈判，中年人熟门熟路。在车间、谈判室、酒店，中年人不离总经理左右，把他的销售意图准确无误地传递给对方。流利的口语，恰如其分的“帮衬”，出口环节的熟稔，给客户和总经理留下了深刻的印象。最后，客户与工厂签定了出口合同。

谈判结束了，中年人梦寐以求的工作机会也降临了。应聘终获成功。

其实在我们的身边，还有许多类似的案例。遇到问题应当随机应变。在一个方向遇到了阻碍，可以尝试走另一个方向。并没有人规定了你必须往哪条路走，到达目的地、获得成功才是最重要的。

灵活地判断和处理，当直线的方法走不通的时候，试着走走曲线之路，两点之间并非只有直线。当成功太困难或是对方过于强势的时候，不妨退一步再前进，这样迂回地前进往往能达到比直线前进更好的效果。

7. 打破思维定式，寻求最佳方法

方法并非单独的存在，更多的是有多种选择。或是因为人们的思维定式，或是因为人们不愿意尝试，许多人喜欢固守一种方法，即使知道有许多弊端。面对问题，不妨给自己多一些选择，这样往往能找到一种最佳的方法。

世界上第一个发明牛仔裤的人——李维·施特劳斯，创立了著名品牌“Levi’s”。1979年，李维公司在美国国内的总销售额突破十几亿美元。

1829年，李维·施特劳斯出生于一个德国的小职员家庭。作为德籍犹太人，李维从小就很聪明，顺顺利利地上完中学、大学，再如他的父辈一样，当上了一个稳定的文员。1850年，美国西部发现了大片金矿。李维·施特劳斯当时也很年轻，他不甘心就这么平凡一辈子。于是，他放弃了那个安稳但是无味的工作，加入到浩浩荡荡的淘金人群之中。

来到美国旧金山之后，李维才发现自己的错误。曾经荒凉的西部已经到处都是淘金的人群，到处都是帐篷，根本没有什么发财的机会。

而淘金的地方由于先前是荒芜的土地，离生活中心很远，买东西十分不方便。终于，李维决定不再从土里淘金，而是从淘金人身上开始自己新的梦想。有一天，他乘船去采购了许多日用百货和一大批搭帐篷、马车篷用的帆布。日用百货一下就卖光了，但帆布却没人理会。

一天，一位淘金者走了过来，李维连忙高兴地迎上前去，热情地问道："您是不是想买些帆布搭帐篷？"

那工人摇摇头："我已经有一个帐篷了，没必要再搭一个。我需要的是像帐篷一样坚硬耐磨的裤子。你有吗？我每天都要跪在地上去分拣矿砂，工作很艰苦，衣裤经常要与石头、沙土摩擦，棉布做的裤子不耐穿，几天就磨破了。"

李维·施特劳斯感到很惊奇，但这位淘金者的话无疑给了他启发。他想，如果用这些厚厚的帆布做成裤子，肯定又结实又耐磨，说不定会大受欢迎呢！反正这些帆布也卖不出去，何不试一试做裤子呢？

1853年，世界第一条日后被称为"牛仔裤"的帆布工装裤在李维·施特劳斯手中诞生了。

这种当时被工人们叫做"李维氏工装裤"的裤子以其坚固、耐久、穿着合适获得了当时西部牛仔和淘金者的喜爱。大量的订单纷至沓来。于是，李维·施特劳斯不再开自己的那家日用品店，正式成立了公司，从此开始了"Levi’s"这个著名品牌的漫漫长路。

李维一直面临着多重的选择，从选择继续做小职员还是去美国淘金，到是继续淘金还是干别的，再到放弃自己的杂货店开牛仔裤公司，可以说，李维始终都不满足于自己的生活。当选择摆在面前时，他总是开创出多条路，供自己选择。而当自己已有一条路走的时候，他也愿意再开辟一条新路，尝试那可能更好的道路。所以，他成功了。

许多时候，问题不仅仅可以用一种方法来解决，而是有许多更好的方法同时存在，只是尚待开发。在条件允许的时候，我们可以尝试用多种方法来解题，并从中选择一个最佳的方法。

曾经有一家旅馆的经理，对于旅馆内的一些物品经常被住宿的旅客顺手牵羊而感到头痛，可一直拿不出很有效的方法来。后来他嘱咐员工，在客人到柜台结账时，要迅速派人去房内查看是否有什么东西不见了。结果客人都在柜台前等待，直到客房部人员查清楚了之后才能结账。不少顾客抱怨结账太慢，而且面子上挂不住，以后再也不住这个饭店了。

旅馆经理觉得这样下去不是办法，于是召集各部门主管，想找出更好的方法，能制止旅客顺手牵羊。

后来，一个主管提出罚款的办法，试运行了一个月，拿东西的情况是少了，但是来旅馆光顾的顾客也越来越少。因为很多顾客不愿意没面子。

再次开会的时候，一位年轻主管忽然说："既然旅客喜欢，为什么不让他们带走呢？"旅馆经理一听，瞪大眼睛："这是什么馊主意？难道还嫌旅馆亏得不够多吗？"

年轻主管急忙接着说："既然顾客喜欢，我们就在每件东西上标价。许多顾客并非不愿意花钱买，而是因为缺少购买它的途径。有些旅客喜欢顺手牵羊，并非蓄意偷窃，而是因为很喜欢房内的物品，下意识觉得既然付了这么贵的房租，为什么不能取点东西回家做纪念，而且又没明确规定哪些不能拿走，于是，就故意装糊涂拿走一些小东西。而现在我们可以让他们购买那些自己喜欢的东西，说不定，旅馆还会有额外收益呢。"

大家眼睛都亮了起来，不住点头，兴奋地按着这个方法进行。

于是，这家旅馆在每样东西上都标上了价格，说明客人如果喜欢，可以向柜台登记购买。如此一来，旅馆里里外外都布置得美轮美奂，客人们对它的印象好极了。

这家旅馆的生意越来越好了，甚至有许多客人旅行前向旅行社指定要住这家旅馆，因为在这里可以买到价格公道的物品，还省去了买纪念品的麻烦。结果一年下来，旅馆的年终盈余有一大部分是靠卖东西得来的。正应了当初那位年轻主管的话，旅馆靠这项服务获得了额外的收益。

罚款、检查房间，或是给每样东西标上卖价，这都是解决顾客顺手牵羊的方法，都能在一定程度上防止这种行为，但最后这种方法不仅顾全了客户的面子，而且对旅馆和顾客都有利。

一个问题往往有许多种解决方法。当我们找到了一种解决方法的时候，不一定是最好的，或许存在着许多弊端。所以，在条件允许时尝试用更多的方法解决问题，尤其是常规、例行的问题，往往就能找到一个最好的方法，这对以后类似问题的解决也非常有借鉴作用，能省去不少力气。

这是美国一家大公司总裁招聘员工时亲自出的题目——在一个暴风雨的晚上，你开着一辆豪华轿车，经过一个车站，在车站内有三个人正在焦急地等待公共汽车的到来。一个是快要病死的老人，生命危在旦夕。一个是医生，他曾救过你的命，是你的恩人，你做梦都想报答他。还有一个是你一见倾心的异性，如果错过了，你一辈子都会后悔。但你的车只能坐一个人。你会如何选择，让谁坐上你的车呢？解释一下你的理由。

答案自然是五花八门，有的人回答说老人快要死了，应该首先救他。然而，立刻有人反驳，每个老人最后都只能把死作为人生的终点，他们怎么也逃不过死亡的归宿。于是又有人主张先让那个医生上车，因为他救过自己，这应该是个报答他的好机会。但是你也可以在将来某个时候去报答他，也许他会有更需要报答的时候。最后终于有人提出应该先把一见钟情的异性带走，因为不这样做的话会终生遗憾，上帝安排的巧遇不应就此错过。

然而，在200个应聘者中，只有一个人的答案符合总裁的要求，他被雇用了。他并没有解释自己的理由，只是说了以下的话：“把车钥匙给医生，让他带着老人去医院，我留下来陪伴一见钟情的人等候公共汽车！”许多问题都是如此，并没有规定一定要用某种方法，限制我们的往往就是我们自己。

8. 合作是获得成功的捷径

合作让人得到生存、发展和成功，缺少了合作，人们只能身处困境而无法摆脱。因为有了合作之后，原本的困境就不再是问题，原本的困难都将得到解决。合作之所以有如此烁烁锋芒，就在于它能优势互补，凝成合力，发挥了1+1>2的绩效。

21世纪是一个合作的世纪，世界已从几千年前的刀耕火种社会发展到了现在的高科技信息时代。要想成功，单凭一己之力很难达到。从无数经验和教训中，我们得出结论：很少有人能独自成功，成功呼唤合作。我们大家都知道大雁南飞时是成群结队以“人”或“一”字形飞行，而且领头的大雁累了会不断地更换。因为为首的雁在前头开路，能帮助在其左右的雁群避开一定的气流。科学家曾在风洞实验中发现，成群的雁以“人”或“一”字形飞行时，比一只雁单独飞行能多飞12%的距离。人类亦如此，只要懂得合作，就会“飞”得更高、更快、更远。

很多情况下，我们并非孤身一人，我们能够寻找到能给予帮助的人，我们是可以借助别人的帮助、与别人合作获得成功的。

一个星期六的上午，一个小男孩在他的玩具沙箱里玩耍。不一会儿，他在沙箱的中部发现一块大的岩石。

小家伙开始挖掘岩石周围的沙子，他手脚并用，似乎没有费太大的力气，岩石便被他连推带滚地弄到了沙箱的边缘。不过，这时他发现，他无法把岩石向上滚动，翻过沙箱边板。

小男孩手推、肩挤、左摇右晃，一次又一次地向岩石发起冲击，可是，每当他刚刚觉得取得了一些进展的时候，岩石便滑脱了，重新掉进沙箱。他得到的唯一回报便是岩石再次滚落回来，有一次还不小心砸伤了自己的手指。最后，他伤心地哭了起来。

这整个过程，男孩的父亲透过起居室的窗户看得一清二楚。当泪珠滚过孩子的脸庞时，父亲来到了他的跟前。

父亲的话温和而坚定：“儿子，你为什么不用上所有的力量呢？”垂头丧气的小男孩抽泣道：“但是爸爸，我已用尽了我所有的力量！”“不对，儿子，”父亲亲切地纠正道，“你并没有用尽你所有的力量。你没有请求我的帮助。”父亲弯下腰，抱起岩石，将岩石搬出了沙箱。故事中的小男孩，虽然用尽全力，并想方设法自己去解决问题，但是在一次一次的挫折中，却始终没有向身边的父亲寻求帮助，不仅浪费了身边的资源，问题也没有得到解决。

合作不单是一种精神，更是一种生存与发展的需要。新世纪的成功之路绝不比我们以往的路好走。无数的困难和挑战在等待着我们。在工作中，有许多才华出众的年轻人却不懂得合作的重要，他们不明白如果他们在一个组织或集体中同其他人合作不仅能解决所有的困难，而且还会制造出个人无法创造的奇迹。

阿基米德说："给我一个支点，我可以撬动整个地球。"但是，前提是必须有这个支点，还要有足够长的杠杆。解决问题的时候，任何对我们有帮助的信息、能量、金钱、行为、经验、关系等都能够成为帮助我们解决问题的杠杆，都是可以借鉴的，也都是可以合作的。

从前，有两个饥饿的人得到了一位长者的恩赐：一根钓竿和一篓鲜活硕大的鱼。其中一个人要了一篓鱼，另一个人要了一根钓竿。于是，他们分道扬镳了。

得到鱼的人原地就用干柴搭起篝火煮起了鱼。他狼吞虎咽，还没有品出鲜鱼的肉香，转瞬间，连鱼带汤就被他吃了个精光。不久，他便饿死在空空的鱼篓旁。

另一个人则提着钓竿继续忍饥挨饿，一步步艰难地向海边走去。可当他已经看到不远处那蔚蓝色的海洋时，他的最后一点力气也使完了。他也只能眼巴巴地带着无尽的遗憾撒手人寰。

同样有两个饥饿的人，他们同样得到了长者恩赐的一根钓竿和一篓鱼。只是他们并没有各奔东西，而是商定共同去寻找大海。他俩每次只煮一条鱼，经过遥远的跋涉，终于来到了海边。从此，两人开始了捕鱼为生的日子。几年后，他们盖起了房子，有了各自的家庭、子女，有了自己建造的渔船，过上了幸福安康的生活。

"一个篱笆三个桩，一个好汉三个帮"，"桃园三结义"一展刘备霸业，居里夫妇的结合共入诺贝尔奖殿堂，此等实例，比比皆是。

一撇一捺写个人。人与人之间的联系是紧密的，可以说很少有人能够离开别人而独自取得成功。孤岛生存只不过是一个美丽的童话。

合理地、有效地借助他人的力量完全是必要的，甚至是一种智慧的体现。当我们觉得问题不可能得到解决的时候，我们必须审视自己是否将视线局限在了自己的能力范围之内。因为很多情况下，我们过分关注问题和自身的能力，或是不愿意被他人掩盖自身的光华，而忽视了别人可以帮助自己，不懂得合作。

古希腊时期的塞浦路斯，曾经有一座城堡里关着一群小矮人。传说他们是因为受到了可怕咒语的诅咒，而被关到这个与世隔绝的地方。他们找不到任何人可以求助，没有粮食，没有水。7个小矮人越来越绝望。但小矮人们没有想到，这只是神灵对他们的考验。

小矮人中，阿基米德是第一个收到守护神雅典娜托梦的。雅典娜告诉他，在这个城堡里，除了他们待的那间阴湿的储藏室以外，还有其他的25个房间，其中有1个房间里有一些蜂蜜和水，够他们维持一段时间；而在另外的24个房间里有石头，其中有240块玫瑰红的灵石，收集到这240块灵石，并把它们排成一个圆的形状，可怕的咒语就会解除，他们就能逃离厄运，重归自己的家园。

第二天，阿基米德便迫不及待地把这个梦告诉了其他的6个伙伴，其中有4个人不愿意相信，只有爱丽丝和苏格拉底愿意和他一起去努力。开始的几天里，爱丽丝想先去找些木柴生火，这样既能取暖又能让房间里有些光线；苏格拉底想先去找那个有食物的房间；而阿基米德想快点把240块灵石找齐，快点让咒语解除。3人无法统一意见，于是决定各找各的，但几天下来，3个人都没有成果，倒是耗得筋疲力尽了，更让其他的4个人取笑。但是3个人没有放弃，失败让他们意识到应该团结起来，一起合作。他们决定，先找火种，再找吃的，最后大家一起找灵石。这个方法使得3个人很快在左边第二个房间里找到了大量的蜂蜜和水。

在经过了几天的饥饿之后，他们狼吞虎咽了一番，然后带了许多食物分给特洛伊、安吉拉、亚里士多德和梅丽沙。温饱的希望改变了其他4个人的想法，他们后悔自己开始时的愚蠢，并主动要求要和阿基米德他们一同寻找灵石，解除那可恨的咒语。

小矮人们从这件事中，发现了一个让他们终生受益的道理：知识不过是一种工具，只有通过人与人之间沟通、互补、合作，才能发挥它的全部能量。

为了提高效率，阿基米德决定把7个人兵分两路：原来3个人继续从左边找，而特洛伊等4人则从右边找。

在7个人的通力合作下，他们终于找齐了所有的240块灵石。在神灵的眷顾下，小矮人们最终胜利了。每个人的能力构成都是不同的，也是具有互补性的。没有人是十全十美的，人总是有部分欠缺或是不了解的领域。适当与他人合作，发挥各自的长处，这样不仅能解决问题，更能节省时间，提高效率。

我们的人际关系、金钱、拥有的能力等都是我们的资源。遇到问题的时候，何不让这些资源整合起来共同帮助我们呢？孤立并不代表独立，独立并不代表不借鉴他人，不借鉴他人不代表不需要他人的启发或是帮助。所以当我们遇到困难时，利用合作的方法，问题往往就能轻易地得到解决，从而取得成功。

第三章

遇事不找借口，办法无中生有

日常工作中常常有这样两种人：一种是碰见困难避而远之的人；另一种则是迎难而上，主动去寻求方法的人。可以说，主动去寻找方法解决问题的人，是职场中的稀有资源，更是经济社会的珍宝。

1. 借口只能敷衍，办法才是关键

找借口是一种很不好的习惯。出现问题如果不是积极主动地想办法加以解决，而是千方百计地找借口，你的工作就会拖沓，没有效率。借口变成了一块挡箭牌。事情一旦办砸了，你就会去找一大堆看似合理的借口，以换得他人的谅解和同情。也许借口能把你的过失掩盖掉，让自己得到心理上的安慰和平衡；但是长此以往，你就会总是依赖借口，不再努力，不再去想方设法争取成功。这样，你最终会沦为最末流的员工，甚至被淘汰。

公司的发展不可能总是一帆风顺的，总会遇到这样或那样的困难。遇到困难时总是找借口应付了事的员工，在企业里肯定是最不受欢迎的员工；而遇到困难总是去找方法解决的员工，一定是企业里优秀的员工，同时也是企业最需要的人。

甲、乙、丙三个人一起供职于一家公司。虽然公司的产品不错，销路也不错，但由于公司经营出了一些问题，产品销出去后，总是无法及时收回货款。

公司有一位大客户，半年前就买了公司10万元产品，但总是找各种理由迟迟不肯支付货款。公司决定派甲业务员去讨账。那位大客户没有给甲业务员好脸色，他说那些产品在他们这个地方销路一般，让甲过一段时间再来。甲知道这位大客户不好惹，心想他欠的又不是自己的钱，跟自己没什么关系，于是便返回了公司。甲业务员无功而返，公司只得派乙业务员去要账。乙找到那位客户，那位客户的态度依然很强硬。他说他这段时间资金周转也很困难，让乙体谅他的难处。他还找借口说等他的资金到位了一定还钱。乙也无功而返。没办法，公司只得派丙业务员去讨账。丙刚跟那位客户见面，就被客户指桑骂槐地教训了一顿，说公司三番五次派人来逼账，摆明了就是不相信他，这样的话以后就没法合作了。丙并没有被客户吓退，他见招拆招，想尽了办法与那位客户周旋。那位客户自知磨不过丙，最后只得同意给钱。他开了一张10万元的现金支票给丙。

丙业务员很开心地拿着支票到银行取钱，结果却被告知账上只有99920元。很明显，对方又要了个花招，给的是一张无法兑现的支票。可第二天就是春节放假的日子了，如果不及时拿到钱，不知又要拖延多久。遇到这种情况，一般人可能一筹莫展了，但是丙业务员依然没有退缩。他灵机一动，自己拿出100元，把钱存到客户公司的账户里去。这样一来，账户里就有了10万元。他立即将支票兑了现。

当丙业务员带着这10万元货款回到公司时，公司的董事长对他刮目相看，并让公司其他的员工都向他学习。后来公司发展得很快，丙自己也很努力，在不到5年的时间里，他就当上了公司的副总经理，后来又当上了总经理。而当初曾讨过账的甲和乙依然还是公司里最普通的业务员。

可以想象，如果丙也像甲和乙那样遇到问题不努力去想办法解决，而是随便找个借口就回来了，那么他绝对不可能讨回货款，更不可能有后来那么大的成就。

所以，我们在遇到困难的时候，一定要记得这句话：只为成功找方法，不为失败找借口。用这句话来警示自己，世界上没有解决不了的困难，只要积极去想方法，一定能解决任何困难，也只有积极找方法的人，才能为公司作出更大的贡献，才能得到更大的成功。

有一位刚毕业的小伙子，因为学校是名牌学校，学的是新闻专业，形象也很不错，被北京一家很知名的报社录用了。但是，他有一个很不好的毛病，就是做事情不认真，遇到任何困难总是找借口推卸自己的责任。刚开始同事们对他的印象还很不错，但是没过多久，他的毛病就暴露出来了，上班经常迟到，和同事一同出去采访时也经常丢三落四。为此，办公室领导也找他谈了好几回，但是，他总是以这样或那样的借口来搪塞。

一天，报社特别忙，突然有位热心读者打电话过来说某个地方有特大新闻，请报社派记者前去采访。报社别的记者都出去了，只有他在。没办法，办公室领导只有派他独自前往采访。没多久他就回来了，领导问他采访的情况怎么样，他却说："路上太堵了，等我赶到时事情都快结束了，并且已经有别的新闻单位在采访了，我看也没什么重要新闻价值，所以就回来了。"

领导很是生气地说："北京的交通是很堵塞，但是你不知道想别的办法吗？那为什么别的记者能赶到呢？"小伙子急得红着脸争辩道："路上交通真的是很堵，再说我对那里又不是特别熟悉，身上还背着这么多的采访器材……"

领导心里更有气了，心想：我要你去采访，你不但不去，还有这么多的借口，那以后怎么让你工作。于是说道："既然这样，那你另谋高就好了，我不想看到员工不但没有完成交给他的任务，反过来却还有满嘴的借口和理由。作为新闻工作者，我们需要的是接到任务后，不管任务有多么艰巨，都能够想方设法把任务完成，并且还比别人做得更好的人。"

就这样，小伙子失去了令许多人羡慕不已的好工作。在我们的生活与工作中，像这位小伙子遇到问题不是想办法解决，而是四处找借口来推脱的人并不少见。他们这样做唯一的结果就是不仅损害了公司的利益，也阻碍了自己的发展。

日本松下公司的标语牌写有这样一段话：“如果你有智慧，请你贡献智慧；如果你没有智慧，请你贡献汗水；如果你两样都不贡献，请你离开公司。”一流的员工既敬业又找方法；末流员工只知道找借口。工作中的每个人都应该发挥自己最大的潜能，努力地去寻找更有效的方法，而不是浪费时间寻找借口。因为不管是失败了还是做错了，再美妙的借口对于事物本身也是没有任何用处的。

如果你想获得最大限度的发展，毫无疑问，你就应该做既敬业又找方法的员工。这样，你才能从平凡走向卓越。

2. 学会找方法，成功有办法

李嘉诚是华人首富，他的名字可谓家喻户晓。他之所以能够做得那么成功，是有一定原因的。从打工的时候开始，他就是一个通过找方法去解决问题的高手。

李嘉诚先是在茶楼做跑堂的伙计，后来应聘到一家企业当推销员。做推销员首先要能跑路，这一点难不倒他，以前在茶楼成天跑前跑后，早就练就了一副好脚板，最重要的还是怎样千方百计地把产品推销出去。

有一次，李嘉诚去写字楼推销一种塑料洒水器，一连走了好几家都无人问津。一上午过去了，一点成绩都没有。如果下午还是毫无进展，他回去将无法向老板交代。

尽管推销颇为艰难，他还是不停地给自己打气，精神抖擞地走进了另一栋办公楼。他看到楼道上的灰尘很多，灵机一动，没有直接去推销产品，而是去洗手间，往洒水器里装了一些水，将水洒在楼道里。十分神奇，经他这样一洒，原来脏兮兮的楼道，一下子变得干净了许多。他的这一举动，立即引起了主管办公楼的有关人员的兴趣。就这样，一下午他就卖掉了十多台洒水器。

李嘉诚这次推销为什么能获得成功呢？原因在于把握了一个非常有效的推销方法：要让客户动心，就必须掌握他们如何才能受到影响的规律："听别人说好，不如自己看到的好；看到的好，不如使用起来好。"总讲自己的产品好，哪能比得上亲自示范，让大家看到使用后的效果呢？

在做推销员的整个过程中，李嘉诚十分重视分析问题和总结方法。在干了一段时期的推销员之后，公司的老板发现，李嘉诚跑的地方比别的推销员都多，成绩也是全公司最好的。他是怎么做得这么成功的呢？

原来，他将香港分成几大片区，对各片的人员结构进行分析，了解哪一片的潜在客户最多，就有的放矢地去跑，重点推销，再加上他的勤奋，这样一来，获得的收益自然要比别人多。

1831年，波兰著名音乐家肖邦，由于不堪忍受亡国之痛，来到了巴黎。在巴黎，他结识了李斯特、柏辽兹、门德尔松等音乐家。李斯特对肖邦的音乐才华十分赏识，两人一见如故。为了使肖邦在巴黎成名，为了能使巴黎的广大观众接受肖邦，李斯特和肖邦想出了一个无比绝妙的方法。

当时，欧洲音乐会演奏时是不亮灯的。在一次晚间演出时，刚开场是巴黎人熟悉和崇拜的李斯特端坐在钢琴前。待到台下的灯光熄灭以后，李斯特悄悄地走进了后台，由肖邦代替他进行演奏。在寂静的夜幕里，恍如行云流水般的琴声，充满了诗情画意，使得全场的听众如痴如醉。演奏一结束，掌声雷动。这时舞台上灯光突然亮了，当观众见到站立在钢琴之畔的人却不是李斯特时，顿时大为惊愕。这时李斯特走到了台前把肖邦向观众作了介绍。就这样，由于李斯特的巧妙安排，肖邦从此名噪巴黎。

许多年前，美国兴起石油开采热。有一个雄心勃勃的小伙子，也来到了采油区。但开始时，他只找到了一份简单枯燥的工作。他觉得很不平衡："我那么有思想，怎么能只做这样的工作？"于是他便去找主管要求换工作。

没有料到，主管听完他的话，只冷冷地回答了一句："你要么好好干，要么另谋出路。"

那一瞬间，他涨红了脸，真想立即辞职不干了，但考虑到一时半会儿也找不到更好的工作，于是只好忍气吞声又回到了原来的工作岗位。回来以后，他突然有了一个想法："我不是很有思想吗？那么为何不能就在这平凡的岗位上想办法成功呢？"

于是，他对自己的那份工作进行了细致的研究，发现其中的一道工序，每次都要滴39滴油，而实际上只需要38滴就够了。

经过反复试验，他发明了一种只需38滴油就可使用的机器，并将这一发明推荐给了公司。可别小看这1滴油，它给公司节省了成千上万的成本！

你知道这位年轻人是谁吗？他就是洛克菲勒，美国最有名的石油大王。这个故事给我们的启示就是：只要处处留心，注意找方法，那么人人都能成为成功者！处处都是成功的良机！外界的困难，不如意的条件，一个接着一个的压力与挑战，都无法吓倒一个真正优秀的人。

关于洛克菲勒，还有一个非常经典的故事。

第二次世界大战后，刚成立的联合国因为没有合适的办公地点而发愁。这时，洛克菲勒慷慨地将自己在纽约的一大片土地，无偿地捐给联合国。联合国的领导喜出望外，接受了这份馈赠，并对洛克菲勒表示了深深的谢意。

难道洛克菲勒得到的仅仅就是联合国的谢意吗？不，早在给联合国捐地之前，他就在纽约买了一大片土地，但是那些土地的情况很不乐观，为了扭转这一局面他正在想办法。当他知道刚成立的联合国因为没有合适的办公地点而发愁时，觉得转机来了。联合国接受他的馈赠后，周边土地的价格立刻飞涨。除去所捐土地的成本，他还狠狠地赚了一大笔。看，这就是重视找方法带来的巨大价值和妙处。

3. 任何问题都有其解决方法

在生活与工作中，你是否经常被各种应接不暇的问题弄得焦头烂额呢？你是否在面对问题的时候觉得进退维谷、束手无策呢？此时，你千万不能只坐在那里盯着问题发呆或是置之不理，而是应该积极地去思考解决问题的方法。

世上无难事，只怕有心人。只要你努力地去想办法，相信问题就一定能有其解决之道。

在IBM公司（国际商用机器公司），全球所有管理人员的桌上，都摆着一块金属板，上面写着“想”字。这个字的精髓，是IBM的创始人沃森创造的。

有一天，寒风凛冽，淫雨霏霏，沃森一大早就召开了销售会议。会议一直进行到下午，气氛非常沉闷，没人说话，大家也显得焦躁不安。

这时，沃森站起来，在黑板上写了一个大大的“想”，然后对大家说：“我们缺少的，是对每一个问题进行充分的思考。要记住，我们都是靠思考赚得薪水的。”

从此，“想”成为了沃森和公司的座右铭。

一天，一家酒店遇到了一个非常棘手的问题。住在酒店里的一位外国客人非常喜爱北京的风土人情，就租了一辆人力三轮车去北京的胡同游玩。

外国客人在外面转悠了半天，玩得不亦乐乎，回来结账的时候却发生了不愉快。原来人力车夫按标价收180元钱一个人，而外国客人觉得最多就值100元钱。于是两人就开始讨论价钱，争执到最后差点打了起来，局面弄得非常僵。没办法，酒店只好出面来调解这个僵局。

酒店在双方之间不断协调，希望找到一个最好的中间价，使双方都能接受。调解到最后，人力车夫最少要收160元钱，而外国客人最多只愿意出140元钱，双方都不愿意再让步。于是，问题又僵住了，无论酒店里的工作人员怎么调解也无济于事。

就在这样僵持不下的时候，酒店的工作人员做了一个分析：问题的关键并不在价钱上，而是在两个人的面子上。因为双方都还不至于为这区区20元钱而大动干戈。之所以这样寸土不让，关键在于面子，双方都要赌一口气。

要想解决问题，就必须想办法同时保住两个人的面子，能让他们下得台来。而如何才能使两个人同时都觉得没有丢面子呢？为此，酒店的工作人员开始绞尽脑汁，想起办法来。终于，见多识广的大堂经理想出了一个两全其美的方法：外国人都有给服务员小费的习惯，那么就让外国客人再给人力车夫10元钱的小费，变成150元钱。外国客人觉得车费还是140元，就接受了。而那个人力车夫觉得有10元总比没有10元好，外国客人已经让步了，总算挽回点面子，也同意了。这样，这个问题终于完美解决了。

酒店的这位大堂经理抓住了问题的关键点，对症下药，问题自然也就迎刃而解了。所以，我们在工作中要多思多想。我们要相信，不管是多么大的困难，只要努力去想就一定能有解决的方法。

传说古希腊的一位国王想给自己制一顶纯金的皇冠。金匠把制好的皇冠献给国王以后，国王把阿基米德召了进来，要他检验一下这顶皇冠是不是用纯金制造的，但是不许损坏皇冠一丝一毫。这可是个天大的难题，阿基米德冥思苦想很长时间，仍然没有找出解决这个问题的办法。

一天，阿基米德在浴盆里洗澡。当身体浸入水中之后，他突然感到自己的体重减轻了。这使阿基米德意识到水有浮力，而人受到浮力，是由于身体把水排开了。他高兴极了，一下子从浴盆里跳了起来，穿上衣服就跑出去手舞足蹈地高喊："有办法了，有办法了。"

阿基米德立刻进宫，在国王面前将与皇冠一样重的一块金子、一块银子和皇冠，分别放在水盆里，只见金块排出的水量比银块排出的水量少，而皇冠排出的水量比金块排出的水量多。阿基米德自信地对国王说："皇冠里掺了银子。"

国王没弄明白，要阿基米德解释一下。阿基米德说："一公斤的木头和一公斤的铁比较，木头的体积大。如果分别把它们放入水中，体积大的木头排出的水量比体积小的铁排出的水量多。我把这个道理用在金子、银子和皇冠上。因为金子的密度大，银子的密度小，因此，同样重量的金子和银子，必然是银子的体积大于金子的体积。放入水中，金块排出的水量就比银块少。刚才的实验中，皇冠排出的水量比金块多，说明皇冠的密度比金块密度小，从而证明皇冠不是用纯金制造的。”金匠因此受到了惩罚。

所以，在工作中，不要怕任何问题和困难。要知道，凡事必有解决的办法，只要我们努力去想办法，找方法，每一个问题都会有解决的方法。

4. 好员工一定是智慧型的

只有智慧型的员工，才能在瞬息万变的职场中经受住市场的洗礼，成为公司发展的顶梁柱、老板的左右手，同时自己也才能有一个更好的发展前景。

作为一个企业，里面肯定会有各种各样的员工，他们来自五湖四海，能力、性格等方面也是千差万别。通常，我们将员工分成三类：

（1）机械型员工。有一做一，完全按领导的具体指示一步步做事。可以说面对这样的员工，就像面对一个机器人。你要将工作步骤像写程序一样，布置给他，否则他什么也不能完成。

（2）智能型员工。这类的员工可以将自己的专业知识、专业技能主动地应用于工作，以此弥补领导在专业方面的不足，同时还可以为领导提供某些专业方面的合理性建议，就像领导的智囊团。

（3）智慧型员工。这样的员工能够去系统地思考问题，将各方面的知识和道理融会贯通起来，用于工作中。可以说，这样的员工是用头脑工作的员工，而且也是每个企业在发展过程中最需要的员工。

智慧型员工不仅仅是带着指令去工作。一个有办事能力的员工，必然是一个智慧型的员工。处处运用你的智慧，时时运用你的智慧，这样，你才能超越平庸，成为不可或缺的人才。

因此，我们提倡做一个智慧型员工。只有成为这样的员工，才能在瞬息万变的职场中经受住市场的洗礼，成为公司发展的顶梁柱、老板的左右手，同时自己也才能有一个更好的发展前景。

我们看看下面的两个人在工作中的不同表现：杰克和布若几乎同时受雇于一家超级市场。开始时大家都一样，从底层干起。不久杰克受到总经理的青睐，一再被提升，从领班直到部门经理；而布若却像被人遗忘了似的，还在最底层辛苦地工作着。

终于有一天，布若忍无可忍，向总经理提出辞呈，并痛斥总经理不公平，辛勤工作的人不提拔，倒提拔那些吹牛拍马的人。

总经理耐心地听着，他十分了解这个小伙子，工作肯吃苦也很勤劳，但似乎缺了点什么。缺什么呢？三言两语说不清楚，看来……他忽然有了个主意。

“布若先生，”总经理说，“您马上到集市上去，看看今天有什么卖的。”布若很快从集市上回来说，集市上只有一个农民拉了一车土豆在卖。“一车大约有多少袋？”总经理问。布若又跑去，回来后说有40袋。“价格是多少？”布若准备再次往集上跑。总经理望着跑得气喘吁吁的他说：“请休息一会儿吧，看看杰克是怎么做的。”说完叫来杰克对他说：“杰克先生，您马上到集市上去，看看今天有什么卖的。”

杰克很快从集市上回来了，汇报说到现在为止只有一个农民在卖土豆，有40袋，价格适中，质量很好，他还带回几个样品让总经理看。这个农民过一会儿还将弄几箱西红柿上市，价格还公道，可以进一些货。想到这种价格的西红柿，总经理可能会要，所以他不仅带回了几个西红柿做样品，而且把那个农民也带来了，现在正在外面等回话呢。

总经理看一眼红了脸的布若，说："布若先生，你还有意见吗？你已看到了吧？杰克是带着智慧去工作的，而你仅仅是带着指令去工作的。"布若恍然大悟，心服口服。

在平常的工作岗位上，难免会遇到或多或少的问题。当遇见问题时，能否主动运用自己的脑子去想办法解决，是一个员工是否有智慧的表现。

好员工总是带着智慧去工作的。他会先分析工作的具体情况，然后想该怎么做，而且在工作中不管有多大的困难，总是能够想方设法解决。

小郑刚到公司不久，就接到一个"讨债"的艰巨任务。一家客户在一年前买了300万元的设备，却一直没有将余款结清，到现在还差30多万元。

小郑心里有数：这债能不能讨回来，将决定他今后在公司的地位和发展！于是他暗下决心，一定要将这笔钱要回来！

一番较量过后，小郑发现，对方公司的严总真的不好对付。无论他怎么软磨硬泡，对方就是不给钱。

眼看三个月的试用期就快到了，可是钱还没有着落。而唯一的效果是门口传达室的王师傅和他成了"熟人"。小郑在总结自己的工作后，决定从王师傅这里寻找突破。

于是，时不时的，小郑就提些酒菜，到王师傅那里喝两盅。在与王师傅的谈话中，得到了不少有价值的信息，比如严总是个很爱面子的人，平时只有下半周在公司，等等。一来二去，将对方的情况摸了个清清楚楚。

一天，小郑又提着酒到传达室找王师傅。一见面，王师傅就笑着说："你这次又要白跑了，严总开会去了……"小郑忙问怎么回事。原来，严总今天到工商局去参加一个表彰大会，大会的主题就是"重合同、守信用"。在会上，作为这方面的模范公司，严总要发言，而且还有本市媒体会现场报道。

了解这些信息后，小郑突然意识到，这是一个千载难逢的机会。他立刻向王师傅借了纸笔，快速地写了几行字，就直奔工商局去了。到会场的时候，严总的发言刚刚进行到最精彩的部分。讲台上的严总神采飞扬，市内几家著名媒体的摄像机、闪光灯都对着他。

突然，严总看到了小郑，不禁有点发慌："怎么在这个时候见到他？"

严总从讲台上下来的时候，已经出了一身的汗。小郑悄悄移到他身边，轻轻说道："严总，您的发言真是太精彩了，在本市的老总中您绝对是最守信用的一个。您看我们公司那笔余款是不是……"

严总立刻道："你放心，回公司就办这件事。"

"哎，我就知道严总是言出必行的大老总。"小郑不动声色地说，"不过您今天这么忙，麻烦您就太不好意思了。这样吧，您只要在这个条子上签个字，余下的事交给我就行了。"说完，小郑将早在传达室就写好的那张纸拿了出来，铺在严总面前，顺手将笔也递了上去。严总看了一眼纸上的字，不由笑了出来，横了小郑一眼说："还真有你的……"大笔一挥，签上了名字。小郑带着这张纸，回到严总的公司，然后和对方的财务一起到银行，将余款金额划到了自己公司的账户上。那张纸上到底写了什么，竟有这么大的威力？原来，小郑写的是"拖欠××公司余款时间过久，务必在今天将余款结清"。严总公司的财务看到这样一张字条，怎敢拖延？小郑凭借这份功绩，不仅在试用期未满的情况下破格转为正式职员，而且给上司留下了一个深刻的印象，为他以后的发展赢得了一个闪亮的开始。

5. 主动找方法，做最受欢迎的人

成功的秘诀就在于用大脑想方法，用智慧去工作。我们在工作时，不单要用手去做，更要用脑子去想。不管工作有多忙多困难，都要在必要的时候停下来好好想一下，而不要觉得事情就是这样，再怎么努力也没办法了。你只有在工作中主动想办法解决任何困难，坚持不懈，不找任何借口，才能成为公司中最受欢迎的员工及市场经济中最受欢迎的人。

在以前，大多数工厂里的工作都是一些体力活，所以只需要员工单纯地工作就可以了。然而在市场经济较为发达的今天，工作性质发生了巨大的变化，企业的发展不仅需要传统的熟练工人，同时更需要能够适应新形势，用大脑积极寻找方法去工作的新型员工。这样的员工才是市场经济中最受欢迎的人。

可以说，在市场经济竞争无比激烈的今天，企业已经没有多余的精力及金钱去雇用一些不爱动脑的人。企业需要的人才，是拥有创意及应变能力的员工，能帮助企业解决问题的员工。

一个企业总经理对他的员工说：“我们的工作，并不是要你去拼体力，而需要你带着你的大脑来工作。”这就是说，在当前的经济条件下，一个好员工应该勤于思考，善于动脑分析问题和解决问题。

然而在公司里，有些员工缺乏思考问题的能力，也缺乏解决问题的能力。他们在遇到问题时，不知道去多问几个“为什么”，多提几个“怎么办”，而是逃避问题。这样的员工不仅不受企业的欢迎，而且在职场上也难以生存和发展。

同样一项工作任务，有的员工可以十分轻松地完成，而有的员工还没有开始就时不时出现这样或那样的问题。又如在生产一线，同一个时段里，同一台设备，生产同样的产品，让不同的人来做，产量和质量就不一样。这除了个人反应能力等先天条件外，关键就在于有的人用大脑在工作，想方设法去解决问题，会去考虑如何用有效的方法在最短的时间内生产更多、更好的产品；而有的人仅用双手在生产。

在工作时，多动脑筋、勤于思考、善用大脑工作的员工肯定比仅用四肢工作的员工更有工作绩效，同时更受企业欢迎。

北京一家大型电子商务公司的负责人在谈到目前市场经济中最受欢迎的员工的工作方式时认为，最受欢迎的工作方式是用大脑工作，因为用脑工作的员工会去考虑如何用最低的成本、最少的时间把工作做得更好。

一家建筑公司在为一栋新楼安装电线。在一个地方，他们要把电线穿过一条20米长、直径只有3厘米的管道，而管道砌在砖石里，并且拐了5个弯。他们开始感到束手无策。显然，用常规方法是无法完成任务的。

后来，一位爱动脑筋的装修工想出了一个非常新颖的主意。他到市场上买来两只白鼠，一公一母。然后，他把一根线绑在公鼠身上，并把它放在管子的一端。另一名工作人员则把那只母鼠放到管子的另一端，并轻轻地捏它，让它发出吱吱的叫声。公鼠听到母鼠的叫声，便沿着管子跑去找它。公鼠沿着管子跑，身后的那根线也被拖着跑。就这样，穿电线的难题得到顺利解决。这位爱动脑筋的装修工也因此得到了同事们的喜欢和老板的嘉奖。

成功的秘诀就在于用大脑想方法，用智慧去工作。我们在工作时，不单要用手去做，更要用脑子去想。不管工作有多忙多困难，都要在必要的时候停下来好好想一下，而不要觉得事情就是这样了，再怎么努力也没办法了。你只有在工作中主动想办法解决任何困难，坚持不懈，不找任何借口，才能成为公司中最受欢迎的员工。

1952年，由于受经济大潮的影响，日本的东芝电器公司积压了大量的电扇销售不出去。公司的有关人员虽然绞尽脑汁想了很多的办法，但销量还是不见起色。看到这个情况，公司的一个基层职员也努力地想着办法。为能让公司的电扇销售出去，这位职员几乎废寝忘食。一天，他看到街道上有很多小孩子拿着许多五颜六色的小风车在玩，头脑里突然闪过一个念头："为什么不把风扇的颜色改变一下呢？这样既受年轻人和小孩子的喜欢，也让成年人觉得彩色的电扇能为屋里增光添彩啊。"

想到这里，这位职员急忙跑回公司，向总经理提出了建议。公司听了这个建议后非常重视，特地召开了大会仔细研究后，最终采纳了这位职员的建议。

第二年夏天，东芝公司隆重推出了一系列的彩色电扇，一改当时市场上一律黑色的面孔，很受人们的喜爱，掀起了抢购狂潮，短时间内就卖出了几十万台。公司大量积压的电扇变成了抢手货，公司很快摆脱了困境。这位职员不但因此获得了公司2%的股份，同时也成为了公司里最受大家欢迎的职员。可以说，思考是人类特有的能力，在市场经济中，我们要学会多思考，学会用脑子去工作。努力工作是一件好事情，但是单凭努力是不够的，还要多动脑，多思考，这样才能真正做出成绩，获得成功。

在工作中，若仅仅只按照老板的吩咐去把任务完成，是远远不够的。任何时候都要做一个用头脑努力去想办法、主动寻找方法，把事情做到最好的员工。这样的人，才是市场经济竞争中最受欢迎的人。

6. 方法正确才能接近成功

人人都梦想成功，但为什么很多人一辈子都没有成功？是因为他们不知道成功的方法吗？不是。人类社会发展到今天，很多精英已经为我们积累了丰富的成功经验，总结出了足够多的成功方法。

成功在于方法；在于持之以恒的追求；在于果断抓住出现在自己面前的机会，哪怕是稍纵即逝的机会，也不能让它擦肩而过。

爱迪生曾经说，“天才是1%的灵感加上99%的汗水”。享有“世界发明大王”美称的爱迪生，热爱科学，并在自己一生的发明中受到过无数沉痛的打击，但他的决心没有动摇，助他走向成功的人生格言就是“不为失败找借口，只为成功找方法”。事实证明，他发明的东西给人类带来了希望，给世界带来了和谐，这是他最大的成功。此外，明朝的医学家、药物学家李时珍也是一个典型的例子。他为了医治病人，决心编写一部完整的药物书。他不怕山高路远，不怕严寒酷暑，了解到各种药物的药性，花了整整27年，终于编写出了著名的《本草纲目》。他这种为目标而奋斗，风雨无阻的精神可歌可泣。

意大利著名的航海家哥伦布发现新大陆后不久，在西班牙的一次欢迎会上，有一位贵族突然口出狂言：“发现新大陆有什么了不起的，这不过是一件任何人都能办到的小事，根本不值得如此崇拜。”这位贵族看无人应答，便接着说：“哥伦布不过就是坐着轮船往西走，然后在海洋中遇到了一块大陆而已。我相信任何人只要坐着轮船一直向西行，同样也会有这个微不足道的发现。”

哥伦布听完贵族的这番“高论”之后，丝毫没有觉得尴尬，而是站起身，漫不经心地从身边的桌上拿起一个煮熟的鸡蛋，对众人微笑着道：“各位，请试一下，看谁能够使鸡蛋的小头朝下，并让它竖起在桌子上。”

在场的所有人用尽了办法，结果却没有一个人能获得成功。这时，只见哥伦布拿起手里的鸡蛋，用小头往桌子上轻轻一敲，鸡蛋便稳稳地竖立在桌上了。

那个贵族不服气地对哥伦布说道：“你把鸡蛋敲破了，当然就能竖立起来，用这种方法我也能够做到。”

哥伦布起身并很有风度地环顾着在座的每一个人说：“是的，世界上有很多事情做起来都非常容易，最大的差别就在于，我已经想办法动手去做了，而你们却始终都没有。”

每个人都知道成功的方法有很多种，许多人之所以没有成功，就是因为没有找到适合自己的成功之法，也没有按照成功的方法去做。

要知道成功的方法并不等于成功。为什么人们渴望成功而又不愿去想办法，或者用行动来证明呢？为什么有那么多的人总是没有成功呢？因为懒惰是人类天生的特性，即不劳而获。换言之，“想要什么就有什么”就是人的本性。所以人特别喜欢看魔术，但生活不是魔术。生活需要方法，并且需要付出才能实现自己的愿望，要获得就要首先付出。现实让人必须克服这个天性。事实证明，只有克服这个天性才能成为强者，才是成功者。

目标再伟大，如果不去找方法，而是一味地寻找借口，梦想永远是空想。我们要懂得，成功在于行动，更在于方法。

7. 紧扼关键点，问题迎刃而解

遇到问题，眉毛胡子一把抓，结果往往是事事着手，事事落空，即使事情能做成，也要付出很多的时间和精力。与此相反，有的人不管遇到多棘手的问题，都能够以最快的速度解决，这主要在于他们抓住了问题的要点，并采取相应的办法，于是，他们顺利地解决了问题，获得了成功。

在工作与生活中，人人都希望能用最快、最有效的方法来解决问题以获得成功。然而有的人能做到，但有的人却做不到。这其中原因有很多，而是否懂得抓要点、抓根本，则是能否成功的关键。那我们怎样才能掌握这一智慧呢？

(1) 学会找"要害"

遇到难题时，首先寻找"要害"，并采取相应措施，这是十分关键的。一家宾馆的电梯需要进行维修了。电梯维修公司和宾馆早就签订了合同，经过检查后，维修公司将维修的时间定于5天之后，但维修时间在12个小时以上。这必然会给客人带来不便，即使不全部停业，较高楼层的客房恐怕也得暂停使用。

这本来是一件很平常的事情，但当时正好遇到宾馆的人事发生变化，宾馆刚刚承包给一位新经理经营，而且正处于旺季，要他将电梯停用12小时，他可不干。维修公司接连派了3批人与他接洽，但都被他拒绝了。于是，公司派了一位老员工去和他交涉。

这位老员工，没有和他客套，只说了几句话：“经理，我知道现在是经营酒店的黄金时间，但我们检查后发现，电梯已经到了必须大检修的时候。如果不及时维修，也许不久就会带来更大的损失。到时候电梯停的可能就不是12小时，而是几天了。更可怕的是，如果某天电梯出事，造成人员伤亡，给你造成的，也许就不仅仅是经济损失了，甚至还得承担法律责任。”

这一来，经理不得不接受他们的意见，按时检修了。经理之所以不愿意检修，是因为他考虑会给自己带来损失。而老员工就围绕他怕造成损失的心理做文章，说明如果不及时检修，将会带来更大的损失。这一来，难题马上迎刃而解。

（2）抓住最能打动人心的地方

人的心灵是十分奇妙的，如果抓住了最能触动它的地方，就会有如原子弹的爆炸，将会产生惊人的效果。

一位著名人士讲过这样一句话：一个现代人如果缺乏影响力，哪怕他再有本事，他的能力也要被糟蹋和浪费一半。而影响力的核心，就是“攻心之道”。

（3）掌握制高点

制高点，是指其位置是某一领域的最高位置，凌驾于各个方面之上。占领了它，就对其他人和事有制约、示范的作用。

20世纪70年代，日本的索尼彩色电视开始在美国销售。但是，这种在日本十分畅销的产品，在美国市场却无人问津。

为此，公司特意派海外部部长卯木肇到美国芝加哥，解决销路问题。卯木肇开始时也一筹莫展、束手无策。有一天，他在牧场散步，看到牧童赶牛的一幕：牧童先领一只大公牛进了牛栏，其余的一大群牛就驯服地跟在后面进去了。他由此得到启发：假如能在当地一家规模最大、规格最高的电器销售商处获得突破，那就如同牧童驯服了一头领头牛，其他的电器销售商就会不断地跟进。

于是，他找到当地最大的电器销售公司——马希利尔公司，请求他们销售索尼产品。开始时对方公司不答应，经过卯木肇再三请求，并做了重塑新产品形象、提高知名度、大力改进售后服务等一系列工作之后，公司终于答应销售索尼产品。结果，该地区的一百多家商店很快也开始销售索尼产品，美国的市场也由此打开。

制高点为何这样重要？因为那里会产生最大的“势能”，它的一点会影响一大片，会影响与其相关联的其他事物。所谓“擒贼先擒王”，讲的正是这个道理。

8. 转换切入点，曲线解决问题

有的时候，我们在工作中碰到的问题，通过直接的方式去解决，可能难度很大，甚至根本解决不了。但是，假如将问题转换一下，将一个看似困难的问题，通过材料、关系、方式、焦点等方面的转换，转换为另一个好解决的问题，成功可能就在你的眼前了。

问题转换是一种曲线解决问题的方式，它的公式可以表述为：

甲问题实际上就是乙问题；

甲关系实际上就是乙关系；

要解决甲问题，就是要解决乙问题。

将问题进行转换，主要包括：

问题主体的转换：将本来是这个人的问题，转换为另外一个人的问题。

问题类型的转换：将本来是这一类型的问题，转换为另一类型的问题。

问题层次的转换：将这一层次的问题，转换为上一层次或下一层次的问题。

问题情境的转换：将甲情境中无法解决的问题转换到乙情境中去。

问题焦点的转换：将原来关注的焦点，转换为原来不关注的另一焦点。

问题方向的转换：将本来是这个方向的问题，转换为另一方向甚至完全相反的方向。

现在，我们重点介绍4种转换：

（1）问题主体的转换

一次，一家建筑设计院为某单位设计了几栋办公楼。办公楼盖好并投入使用后，该单位又突然提出，各楼之间的员工交往频繁，如果各楼间连接路线不科学，就会耽误时间，因此希望设计院在各楼之间，设计出最科学、最省时间的人行道。

设计师们设计出了一个又一个方案，但都被一一否定了。就在大家一筹莫展的时候，一位设计师突然提出：“现在不正是春天吗？我们不如在楼群之间的主要路线上种点草。人们走得最多的路线，肯定是最便捷的路线。因为为了赶时间，人们走路时总是选择最近的道路。这样一来，就会在草地上留下最深最明显的痕迹。根据这些痕迹设计出来的路线，就是最科学、最省时的路线。”

这方案立即被采用，建筑设计院根据这些痕迹设计铺设的人行道，果然很受欢迎。这是一个将问题进行转换的典型案例。本来是设计师的问题，却变成了行人的问题。

（2）问题性质的转换

一对夫妇来到商店，希望购买一辆二手车，但来了好几次，看了又看，都不满意，迟迟下不了决心。根据仔细观察，推销员发现这对夫妇自尊心特别强，而且也爱挑剔。他明白，如果按照现在这种推销法，是无法让他们感到满意的。于是，他改变了推销方式，不但对他们的挑剔一点也不抱怨，反倒夸奖他们很有眼光。即使不买，他每次还是十分热情地送他们出门，并恳切地表示以后还要向他们请教。

几天后，“请教”的机会来了。一位顾客到商店里想卖掉自己的旧车，经过讨价还价，最后以500美元的低价成交。之后，他打电话给那对夫妇，说有人向他推销一部旧车，但他拿不太准，所以想请他们夫妇过来指教。在他的热情邀请下，那对夫妇很高兴地过来了。这位推销员带他们仔细看了这辆车，然后说：“经过几次接触，我越来越敬佩你们。你们都是通晓汽车的人。这辆车，麻烦你们看一看，它到底能值多少钱？”

受到这样的尊敬，这对夫妇既吃惊又感动，对这辆车又摸又看，最后说：“我们认为，如果车主愿意以800美元卖掉，您就立即买下来吧。”

推销员对他们的建议再次感谢，然后提出：“假如我花这么多钱把车买下，您想再从我这里买走吗？”

“很愿意啊！”当妻子的立即说，不过立即又开始犹犹豫豫，说：“你先买下的话，不要加价吗？”

“没关系，这点您不用担心，既然是你们看准的，就照800美元给您吧！”于是，那对夫妇高高兴兴地从他手上将这辆车买走了。

这位推销员确实是一个转换问题的高手。首先，他把对象的性质改变了，本来是推销的对象，却变为了自己请教的老师。与此同时，他又将问题的性质进行了改变，把一个推销汽车的问题，转换为一个请教他人的问题。这一请教，满足了别人的自尊心和自豪感，达到了比直接推销更好的效果。

(3) 问题焦点的转换

古代有一个县令，终日愁眉不展、郁郁寡欢。他四处寻医求诊，但一点好转都没有。后来，他请了一位名医给他看病。名医问过他的病情，把脉之后，一本正经地说：“你这是月经失调。”

县令一听，啼笑皆非，拂袖而去。以后，他逢人便讲这件怪事，每说一回，便捧腹大笑一回。不承想，时日不多，县令的病竟不治而愈。此时，他才恍然大悟，立即到名医府上拜谢。名医告诉他：“你患的是郁结心病，要治好你的病，没有比笑更好的药。”焦点一转换，原来的病也就一下痊愈了。

(4) 问题方向的转换

美国总统罗斯福再次参加竞选时，竞选办公室为他制作了一本宣传册。在这本册子里有罗斯福总统的相片和一些竞选信息。接着，成千上万本宣传册被印刷出来。

但就在要分发这些宣传册的前几天，竞选办公室突然发现了一个问题：册子中有一张照片的版权不属于他们，他们无权使用，照片的版权为某家照相馆所有。竞选办公室十分恐慌，因为已经没有时间再重新进行印刷了。但如果就这样分发出去，那家照相馆很可能会因此索要一笔数额巨大的版权费。

很多人遇到这样的问题，可能会采取这样的处理方式：派一个代表去和照相馆谈判，尽快争取到一个较低的价格。但竞选办公室选择的却是另一种方式。他们通知该照相馆：竞选办公室将在他们制作的宣传册中放上一幅罗斯福总统的照片，贵照相馆的一张照片也在备选的照片之列。由于有好几家照相馆都在候选名单中，竞选办公室决定将这次宣传机会进行拍卖，出价最高的照相馆将会得到这次机会。如果贵馆感兴趣的话，可以在收到信后的两天内将投标寄回，否则将丧失竞价的权利。

结果，竞选办公室在两天内就接到了该照相馆的投标和支票。结果，竞选办公室不但摆脱了可能侵权的不利地位，而且还因此获得了一笔收入。

一个本来有可能是向对方付费的问题，通过这一转换，变为了对方向己方付费的问题！这样一来，通过问题方向的转换，不仅让难解决的问题迎刃而解，而且还把问题变成了机会！

9. 时时多留意，发现新天地

在市场经济条件下，只要我们敢于去突破思维的定式，敢于向新的、不同的方向多走一步，那么也许你就会发现另一片天地。就像切苹果一样，如果不去换种切法，你就永远不可能看到苹果里面美丽的星星图案。

有一个这样的故事：有一天，小孙子从幼儿园放学回家跟爷爷说：“每个苹果里面都有一颗小小的星星。”爷爷说：“这没有什么奇怪啊。我们每次吃完苹果最后剩下来的核，不就是苹果的心吗？”小孙子立即反对说：“我说的星星不是剩下的核。我是说苹果里面有一颗小星星。”爷爷想了想正色地说：“你不要胡说啊。苹果里怎么可能会有星星呢？”小孙子说：“是真的。苹果里真的有一颗星星啦。”

最后爷爷问小孙子：“那你能不能把苹果里的星星找出来给爷爷看一下呢？”小孙子说：“可以啊。但是您要先给我一个苹果和一把刀才行啊。”小孙子把苹果横放在桌面上举刀就要切。爷爷看了，忍不住说：“不能这样切，苹果不是这样切的。”立即把苹果抢过来，重新直立在桌上，然后告诉小孙子：“切苹果要从上往下切才对。”小孙子说：“你让我照自己的方法切好不好嘛。”小孙子把苹果横放好，然后举刀从中央横切下去，苹果霎时被分成了头尾两半，而切开后的苹果中的五粒种子，恰好整齐地在这两半的中央构成了一颗美丽的星星。爷爷看着星星，顿时呆了，没有想到的是自己吃了一辈子的苹果，直到今天才知道苹果里面竟然还有那么漂亮的一颗星星。

苹果里有一个清晰的五角形图案，也许不只是这位老人不知道，可能大部分的人都没有注意。是的，我们吃了多年的苹果，却从来没有发现过苹果里面竟然会有五角形图案。小孩子仅仅是换了一种切法，就发现了鲜为人知的秘密。

摩根，美国摩根财团的创始人，早年的生活非常清贫，夫妻二人只能靠卖蛋维持生计。让人不解的是，身高体壮的摩根卖蛋却远不及瘦小的妻子。后来，他终于弄明白了原委。原来，摩根用手掌托着蛋叫卖，因为手掌太大了，人们眼睛的视觉误差害苦了他。随后，摩根立即改变了卖蛋的方式。他把蛋放在一个浅而小的托盘里，不出所料，出售情况果然变好。在发现这一“秘密”后，摩根并没有因此满足。他想既然眼睛的视觉误差能影响销售，那经营的学问就更大了。这一想法激发了他对心理学、经营学、管理学等学科的研究和探讨，终于在若干年后创建了摩根财团。

同样是利用人们的视觉对颜色产生的误差，日本东京的一个咖啡店老板减少了咖啡用量，却增加了利润。一次，他给二十多位朋友每人4杯浓度完全相同的咖啡，但是盛咖啡的杯子的颜色则不一样，它们分别为咖啡色、红色、青色和黄色。结果，朋友们对完全相同的咖啡的评价则不同，他们都认为青色杯子里的咖啡“太淡”；黄色杯子中的咖啡“不浓，正好”；而咖啡色杯子以及红色杯子中的咖啡“太浓”，而且认为红色杯子中的咖啡“太浓”的占了90%。于是，这位老板就依据此结论，立即将他店中的咖啡杯子一律改为红色。这样既大大减少了咖啡用量，同时又给顾客留下了极好的印象。其结果是顾客越来越多，生意也随之愈加红火。

无独有偶。一个商人听朋友说博物馆中藏有一个明朝时代流传下来的被称为“龙洗”的青铜盆。这盆边有两耳，只要有人用双手搓摩盆耳，盆中的水便能溅起一簇簇水珠，高达尺余，甚为绝妙。该商家突发奇想：“何不仿制此盆，将之摆放在旅游景点或人流量多的地方，让游客自己尝试，经营者收费呢？”于是，他立即找专家分析研究，在试制成功后投放市场，果然效果出奇地好。博物馆中的青铜盆只具有观赏和研究价值，商家将之仿制推向市场后，却取得了非常好的经济效益。

因此，在市场经济条件下，只要我们敢于去突破思维的定式，敢于向新的、不同的方向多走一步，也许就会发现另一片天地。就像切苹果一样，如果不去换种切法，你就永远不可能看到苹果里面美丽的星星图案。

第四章

抱怨是恶性借口，现实要欣然接受

喜欢抱怨的人很多，人们因为抱怨而徒增的烦恼、造成的不利则更多。永远不要抱怨，如果能够改变就努力地改变，如果不能改变就欣然地接受。否则，我们越是不愿忍受就往往越难以忍受，越难以忍受也就越不愿忍受，如此恶性循环，极易导致心理或者行为的出轨。

1. 抱怨一而再，问题依旧在

西方有一句古老的谚语：“如果说不出别人的好话，不如什么都别说。”很明显，先哲们是在告诫世人为人处世时要学会尊重和赞美，至少也应做到谨言慎行。可惜的是，这句话没有引起世人足够的重视。尤其是在崇尚言论自由的当今社会，几乎所有的机构、大小组织，到处都是吹毛求疵、流言飞语和永不止息的抱怨。殊不知，无论怎么抱怨，抱怨多少次，问题依旧摆在眼前，无法得到解决。

工作不好，抱怨；上司不好，抱怨；下属不好，抱怨；经济不景气，抱怨；生活环境不好，抱怨……可以说，只要有人的地方就有抱怨，这个世界的方方面面，无不处在人们抱怨的唇枪舌剑之下。然而事实却是，抱怨根本解决不了任何问题。

不仅如此，抱怨反而会把问题带向更加复杂的一面，给我们带来诸多严重影响。

首先，抱怨会破坏我们原本积极的潜意识。曾经抱怨过的朋友都知道，只要我们的头脑中一有抱怨的意识，我们立即就会停下或者放慢手中的工作，为自己鸣不平、拉选票，甚至不顾一切地找到对方讨个公道。有的人如果得不到自己想要的结果，不是大骂世事不公，就是哀叹老天无眼。久而久之，不仅直接影响工作和生活，还会影响心情和心态。而真正的勇者，他们从不抱怨，他们总是能冷静地看待世界，审视自己，最终成就自己。

今年刚满30岁的苏珊是美国一家化妆品公司的创办人。小时候，她和奶奶一起生活在乡下。奶奶开了一个小杂货店，为人慈祥又和气，邻居们都喜欢和她聊天。每当那些喜欢抱怨、爱发牢骚的邻居到商店买东西时，奶奶总是会把苏珊拉到身边，让她看自己如何和邻居说话。

有一次，邻居爱普生前来买香烟。奶奶问他："今天怎么样啊，爱普生老兄？"

爱普生长叹一声说道："唉，今天不怎么样啊，哈德森大姐。你看看，这天气这么热，气死人了。这种鬼天气，真要命啊。"

奶奶一边给他拿香烟，一边附和着说："是啊，是啊。嗯，嗯……"一直抱怨了十多分钟，爱普生才离开了小店。

又有一次，邻居汤姆一进店门就向奶奶抱怨道："哈德森大姐，真是累死我了。我再也不想干犁地这活儿了。尘土飞扬不说，驴子还不听使唤。我真是干够了。你看看我的腿、脚，还有手、眼睛、鼻子，到处都是尘土，我真是干够了。"

奶奶仍然是那副老样子，一边给他拿东西，一边附和着说："是啊，是啊。嗯，嗯……"

等汤姆发完了牢骚离开小店，奶奶把苏珊拉到身前，问她："孩子，你听到这些喜欢抱怨的人说的话了吗？"苏珊点点头。奶奶接着说："孩子，在每个夜晚都会有一些人——不管是白人还是黑人，不管是富人还是穷人——酣然入睡但是再也不会醒来。那些与世长辞的人，睡觉时不会感到暖和的被窝已变成冰冷的灵柩，身上的羊毛毯已变成裹尸布，他们再也不能为天气热或驴子不听话而唠叨一分钟。孩子，你要记住：不要抱怨，因为抱怨不能解决任何问题。如果你对现状不满意，那你就设法去改变它。如果改变不了，那就改变你的心态去面对这些问题。但你一定不要去抱怨什么。”

长大后，苏珊牢记着奶奶的话。无论遭遇多大的挫折，她也从未抱怨过什么，最终靠自己的勤奋和智慧打拼出了一片天地，成了业界有名的女强人。

其实，我们与文中的爱普生和汤姆何其相似，相信大多数人都能在他们身上找到自己的影子。一件小事、一句无关紧要的话，甚至于天气不好，都能让我们陷入长时间的烦恼，沉浸于懊恼和悲伤中不能自拔。然而天气绝对不会因为你抱怨而转好，驴子也不会因为你发牢骚而变得听话些。尤其是当你面对的是一个不会体谅别人、不会自省的人时，情况会更加糟糕。你一定要清楚，烦恼、抱怨、愤怒都没有用。即使你抱怨连天，对方也不会为你失眠。唯一的办法就是学会改变。

其次，抱怨会破坏人际关系。没有人会喜欢一个消极、负面的人，更没有人愿意忍受你的牢骚和坏脾气。不满的情绪，必然会破坏内心的平静，进而影响工作和整个团队，接下来势必会带来更多的被抱怨和相互抱怨，甚至成为致祸的根源。

俗话说：“病从口入，祸从口出。”古往今来，因为不能管住自己的嘴巴导致身败名裂甚至为此丢掉性命的人数不胜数。当今社会我们虽然不可能因为抱怨几声就掉了脑袋，但是因为抱怨丢掉工作、丢掉人脉甚至招致无妄之灾的例子却比比皆是。既然如此，我们又何必非得抱怨呢？毕竟，抱怨不是我们的目的，它只是一种最拙劣的手段。

2. 抱怨如果不休止，日子一日不如一日

我们之所以抱怨，就是因为我们会潜意识地认为抱怨能为我们带来某些好处，比如同情、认可和优越感。但事实上我们不仅“越抱怨越穷”，还会由于抱怨招致一连串的麻烦。到头来，我们反倒成了抱怨的最大受害者。

生活中，有相当一部分人有过抱怨自己身体不舒服的经历，但是这些人却并非真的生病，而是因为他们知道“病人”的角色能让他们获得附带的好处。抱怨可以赢得同情，但是这里有一个度的问题。如果你认定抱怨一定会赢得他人的同情，无疑是大错特错。

一位招聘经理曾经说过这样一段话：“每次面试，我都会问应聘者‘你为什么离开上一家公司’。之所以问这个问题，是想正面了解他对以前自己所在公司的评价。如果他说他以前的公司多么多么不好，有这样那样的问题，那么不管这个人有多么优秀，我也不会录用他。因为我相信，那些整天喜欢抱怨的人，肯定一事无成。”

当然了，企业中的抱怨者远远不止那些已经离开的人。当公司利益与个人利益发生冲突时，各种“声音”立即会从各个角落传来。有的人虽然口头不说，但他们会立即用行动来发泄自己的不满，比如偷奸耍滑、钻空子等，反正绝不会任劳任怨。这样一来，工作必然是一塌糊涂，抱怨和被抱怨自然在所难免。这样的人，往往也会很快出现在其他公司的招聘经理面前。

所以，试图通过抱怨别人或抱怨环境以期得到他人的认可，其实是最不明智的做法。也许有的环境确实不太适合你，但是与其抱怨，你还不如选择离开。当你选择留在这里的时候，就应该为它而努力。

唯有高度的敬业和忠诚，才有可能改变环境和他人对你的看法，实现企业和个人的双赢。否则，即便是自己创业，这种恶习也会给你带来各种不利影响，甚至直接从根本上导致你与成功无缘。

还有一种人的抱怨动机，源自于他们认为抱怨对方可以使自己显得更为优秀。我们常说的“贬低别人等于变相地抬高自己”，说的就是这个道理。然而我们同样知道，人不是“抬”高的。无论你把对方贬得有多低，你仍然是你，跟他有多高多低，甚至跟有没有他，都没有必然的联系。更何况当我们在抱怨别人的某些缺点时，虽然是在暗示我们自己没有这一缺点，但就能据此认为我们就比对方优秀吗？

显然不能，或许我们真的没有这一缺点，但人无完人，我们甚至有更致命的缺点。所以说，抱怨的背后不是为了掩饰什么，就是自夸或吹牛。而经常抱怨的人，通常都是一些没有安全感、不能明确自我价值的人。他们的抱怨无形中向人们传递出了“自己是受害者”的信息。而这样一来，往往会招致更多的“加害者”，随之而来的，自然是更多的怨天尤人。

也许有人会问：“用抱怨来惩罚那些伤害我的人，总可以了吧？”仍然不行。抛开那些人在不在乎不说，须知“盗亦有道”，从一开始你就走偏了。与其用抱怨让彼此两败俱伤，我们为何不通过正当的途径去解决问题、达到目的呢？如果那样抱怨，我们与小人何异？或许导致我们被人伤害的原因，就在我们自己身上。

综上所述，抱怨的本质源自于人们想通过抱怨得到什么。但无论从哪一方面来说，抱怨都会让你得不偿失、后悔不迭。所以，聪明的你应该考虑用其他途径去实现自己的目标，而抱怨只会让你成为最大的受害者。

3. 抱怨于人于己都无益

许多人都抱怨过处境的艰难，但抱怨根本解决不了问题，于是当发现抱怨无济于事之后，只能沉默，甚至一蹶不振。抱怨只会让人丧失勇气，还会让人失去朋友。谁不恐惧牢骚满腹的人？谁不怕自己受到消极的传染？与其经常抱怨，为什么不停止抱怨，寻找解决问题的办法呢？

抱怨的人无处不在。有些人总觉得别人处处跟他作对，因而抱怨不止；有些人总认为自己是强者，但遇到困难的时候又无力解决，也抱怨不停；有些人认为社会太不公平，常常抱怨自己怀才不遇……

林跃是北京建国门一家公司的部门负责人，在这家公司，他已经做了整整3年。对很多人来说，3年也许很短；但对林跃来说，已经很不容易了，因为他的公司人员流动性很大。

同事走了一批又一批，他听到最多的，都是同事对公司的抱怨，不仅对他抱怨，也对老总或和公司有关联的其他人抱怨。

一个朋友和林跃同在这家公司。工作后的第一次见面，他就向林跃抱怨说他的处境没有林跃好，后来每次见面都会向林跃诉苦。从没有听到他说自己有什么不对的地方，或是准备怎么改正等。

林跃给他的这个朋友讲了一个故事：

“一天，美国著名的心理学家赛利格曼与5岁的女儿尼奇在园子里播种。赛利格曼虽然写了大量儿童著作，但在实际生活中跟孩子并不太亲密。他正在忙着种地，而女儿却手舞足蹈，甚至将种子抛向空中。

“赛利格曼有点烦了，便让女儿老实点。女儿却跑过来对他说：‘爸爸，你还记得我5岁生日吗？从3岁到5岁我一直都在抱怨，每天都说这个不好那个不好，当我长到5岁时，我决定不再抱怨了。这是我从来没做过的最困难的决定。如果我不抱怨了，你可以不再经常闷闷不乐了吗？’

“赛利格曼突然产生了闪电般的震动。这一天改变了赛利格曼。他过去的50年都生活在阴暗的情绪中，而从那天开始，他决定让心灵洒满阳光，让积极的情绪成为心灵的主导。”

抱怨非但对问题的解决无济于事，反而会影响自己的情绪。更为严重的是，一味地抱怨，会影响和朋友、同事、上司的关系。林跃之所以对这个朋友产生了看法，就是因为他的这个朋友只会抱怨，不知道从自身找原因。

即使遭遇了失败，只要我们振奋起来，还有机会从头再来。在人生的道路上，很少有人能永远一帆风顺。如果因为失败，就满腹牢骚，只会让人厌烦。

抱怨不同于坦然承认失败。坦然承认失败的人，会赢得别人的尊重，人们如同看到一个伤痕累累但神色平静的勇士。人们本来同情弱者，但抱怨的人容易气急败坏，反而得不到别人的同情。

从现在开始，停止抱怨，把时间和精力都用在解决问题上。停止抱怨，你必须接受这样的观点。换句话说，就是你必须为自己所做的事负责，而不是做错了事之后找各种各样的借口。你可以经常对自己说：

（1）要是我不满意自己现在的一切的话，我就应该努力改变这一切，而不是将责任推卸到别人身上。

（2）要是我有什么目标的话，抱怨并不能使我实现目标。目标能否实现，完全取决于我是否努力了。

（3）要是我不高兴的话，那一定是因为我自己，而不是别人让我不高兴了。

（4）要是我遇到了困难或者挫折，我应该努力去解决这些困难。这是我自己的事情，不能等待他人的帮助或者希望事情自然出现转机。

（5）要是有人遇到困难，我有责任不带任何目的地去帮助他们。

（6）要是我希望和他们交往，那么我应该主动去邀请他们，让他们觉得我有吸引力，而不是等他们先伸出双手。

毫无疑问，停止抱怨仍然不是最终的目的，还应该多一点自信。抱怨只是逃避责任的表现。如果你发现自己在抱怨，应立刻停止，然后问问自己，为什么不能努力去改变现状，让自己的生活更有意义。

4. 抱怨于事无补，别给自己添堵

在生活中，总有一些人喜欢抱怨，整天抱怨这件事不可能做到，那件事也不可能做好；却不知只要时时处处善于用心、灵活变通，愁事可以办成喜事，难事可以办成易事，不利之事可以办成有利之事，难堪之事可以办成愉悦之事。

古希腊有这样一则故事：凡是来到弗里吉亚城的朱庇特神庙的外地人，在被引导去看戈迪阿斯王的牛车之后，都会交口称赞戈迪阿斯王把牛轭系在车辕上的技巧。“能打出这种结的人实在是太了不起了。”人们常常这样赞叹。“你说得没错，但是更加了不起的要属能解开这结的人了。”庙里的神使总会这样回应。“为什么呢？”“虽然戈迪阿斯是弗里吉亚这样一个小国的国王，但是能解开这个结的人将把全世界变成自己的国家。”神使回答说。

听了神使这么说之后，每年都有很多人来尝试解开戈迪阿斯打的结。各个国家的王子和政客都跃跃欲试，想打开这个结，可他们总是连绳头都找不到，根本就不知从何下手，只能望“结”兴叹，抱怨自己没有戈迪阿斯聪明。

几百年之后，年轻的国王亚历山大也来到弗里吉亚。他曾经征服了整个希腊，率领不多的精兵渡海到过亚洲，并且打败了波斯国王。“那个奇妙的戈迪阿斯结在什么地方？”亚历山大问道。于是，众人将亚历山大领到朱庇特神庙，那牛车、牛轭和车辕都还原封不动地保留着原样。他看了一眼那个结，立即拔出随身佩带的剑，随手一挥，绳子应声落地。百年难解之结就这样在一瞬间被解开了。

难办之事竟然也会这么轻易办成。其实，这种解开绳结的方法是多么简单，又是多么有效，一切就只在于能否懂得变通，而不是抱怨。拥有这个世界的人，哪一个不是敢于变通的人呢？而那些只会抱怨的人又如何呢？

在成功人的意识里，没有办不到的事情，因为他们不会一味地抱怨上天的不公。他们没有固执心理，他们拥有豪情、激情。当困难临近，他们会自然地“跳出三界外”，不受世俗常规思想的困扰，从而发现最适应自己发展的思路。正因为这样，他们才显得与众不同，他们才能够有所建树。

学会变通，在不可能中寻找可能，在方法之外寻找方法，在失败之中寻找成功。如此，我们的理想才不致化为幻想，而会在千回百转之后成为现实。

5. 抱怨容易让人失去机会

要把握住自己的命运，就要远离抱怨，懂得珍惜身边的机遇。如果说命运是一卷卷书，那机遇就是里面的一行行字。在自己的宗卷里，我们用足迹刻下每一行字。命运本非注定，只是你往往会忽略掉改变命运的机遇。机遇对每个人都公平，只不过，不善把握的人常常任由它从眼皮底下溜走。

要把握机遇的人，应该抛弃幻想，杜绝抱怨，即使躺着真的能等到天上掉下的馅饼，而馅饼正巧合到直直地落进你的嘴巴，你也会因为吞之不及而被哽死。要把握机遇的人应该为机遇做准备，努力学习，努力生活，使自己能有足够的准备去驾驭机遇。要把握机遇的人，应该坚守自己的领地，因为每个人都有自己的舞台，在每个角落都能发出耀眼的光彩。要把握机遇的人应该收起抱怨，因为抱怨总能使你在哀叹中失去更多的机会。

人们往往对离自己最近的地方熟视无睹，也往往看不出日复一日的工作琐事中有什么值得挖掘的机会。

初入社会的年轻人很容易将机会与运气混为一谈。其实，机会与运气是完全不同的两个概念。运气，不需要作任何准备，只要碰上了，不费吹灰之力便能够财运亨通或平步青云。运气具有非常大的偶然性，任何人都不能拿自己的一生去赌。而机会则常常表现为挑战或挫折，只有那些在平凡的工作中善于用心并敢于接受挑战的人，才能发现并抓住机会。

吉米是一家超市新来的员工，而且是最基层的员工，做包装工作。如果说公司要裁员的话，他也许是第一个被考虑的对象。不过，他抓住了机会，改变了自己的命运。

吉米进入公司就告诉部门经理说："我有时间的时候可以来您这里帮忙，我希望多了解一下您部门的工作情况。"然后，他又到畜产品部对他们的领导说："我有空时希望可以来向您学习学习。"之后是安全部、管理部、清洁部……几个月下来，吉米走遍了公司的所有部门。以后当某个部门有人请假时，大家自然想到的就是吉米来顶替。

后来，超市生意一度不景气，与吉米同时来的三个人相继离开了，一名经理也因此被辞退。鉴于吉米的表现，他被提升为经理。

在日常生活中，我们千万不要抱怨工作中的各种小事，往往平凡的工作中蕴藏着可贵的机会，因为它可以让老板多认识你，而你对老板的影响力也不是一两天、一两件事就可以产生的。机会往往蕴藏于各种平凡无奇的小事之中。

生活和工作中到处充满着机会：学校中的每一堂课都是一次机会；每次考试都是生命中的一次机会；医生面对的每名患者都是一

次机会；报纸中的每一篇文章都是一次机会；每次失败的训诫都是一次机会；每一笔或大或小的生意也都是一次机会……

放弃抱怨，调动自己全部的智力，全力以赴，只要勤勤恳恳地把自己的工作做得比别人更完美，你就能发现机遇；否则，抱怨只会让你失去最宝贵的机会。

6. 抱怨并不能如愿，路不通时要变通

路很多，不要总是拣熟悉的走。如果总是沿着老路前进，就会把路走烦、走厌、走绝。当为此抱怨时，不妨往旁边跨几步，也许你就会发现无数条路。堵死我们的往往不是路，而是我们自己。

年过四十的张跃然最近心情不畅，有很多想不通的事情，因而他一直唉声叹气、闷闷不乐，越来越自闭。左邻右舍以及公司里的同事，有事没事的时候就给他提意见。有的人建议他多和朋友聊聊，多到外面散散心；有人建议他可以找点新奇的东西玩玩，转移一下注意力……一群人说得他心情乱糟糟的。本来是安慰张跃然的，却变成了一场辩论会。

由于工作的失误，张跃然受到了领导严厉的批评。领导批评他也是有原因的：他接受的这个任务对公司的发展举足轻重，因此在他执行任务前，领导还千叮咛万嘱咐，让他多参考别人的意见，甚至还给他提了一套方案。而张跃然自认为依靠自己的经验和能力，应该不

成问题。当他执行任务的时候，才发现事情并不像自己想象的那么简单。不过他仍然固执地使用他的老方法，最后事情办砸了。

视野不够开阔，胸襟不够广阔，想当然地坚持自己的经历或者经验，常常会让人死死地钻在某一条胡同中不能脱身。对于张跃然来说，他的失败就在于，当他按照自己的经验行事的时候，走不通了，但他仍然固执于自己的方法。这也是他搞砸任务的主要原因。

很多时候，当我们面前无路可走的时候，为什么不尝试向左或向右呢？问题是如此简单，但就是这个很简单的问题，很多人却想不到。

路很多，不要总是拣熟悉的走。如果总是沿着老路前进，就会把路走烦、走厌、走绝。这时，不妨往旁边跨几步，也许你就会发现无数条路。堵死我们的往往不是路，而是我们自己。

路的旁边也是路。这条路看上去也许是羊肠小道，但当我们无路可走的时候，它很可能是一条充满希望、充满机遇、通向成功的光明大道。

很多刚入职场的人，用不了多久，起初敢闯敢拼的劲头，就会被消磨殆尽了，但杜丁却是个例外。在大学里，杜丁就以创意迭出著称。走上工作岗位两年多的时间里，他依然像刚入职场的样子，脑子里有说不完的点子。

不过，杜丁难免会有些郁郁不得志的感慨——他的老板是个因循守旧的老人，从他创立公司的时候开始，小心谨慎一直都是他遵循的核心思想。在金融危机到来的时候，公司没有像别的公司那样轰然倒塌，这也让老板更坚信是自己的保守和谨慎，才让公司幸免于难。

公司专门生产市场上的那种小电扇。老板的思想是少而精，要做就做最专业的。在杜丁看来，公司的实力虽然不是很强大，但还不至于让产品如此单调——在多元化的市场环境中，仅仅生产一两种没有优势的产品显然是不够的。因此，他想设计新的产品。

然而，杜丁不是老板，他只是老板手下的一个部门负责人而已。不过，这并没有阻止他产生标新立异的想法。他想，等他设计出了产品，老板一定会认可他的。然而杜丁明白，老板是绝不允许杜丁利用公司的资源进行在他看来毫无意义的尝试的。

因此，杜丁想了一个法子。他先跟老板提建议，说应该在电扇的设计上进行更新。在取得老板的同意后，他马上开始着手进行新产品的设计。不到两个月的时间，他就设计出了一款空调扇。这时老板才发现“上当”了。不过，面对越来越多的订单，他能怎么做呢？唯一能做的，就是赶紧给杜丁升职。

生活中，有些人总是在一条路上不断地走，当无路可走的时候，便怨天尤人，抱怨别人没有尽心尽力帮助自己，抱怨自己为什么这么没用。实际上，路的旁边也是路。有时候我们走得不好，不是路太窄了，而是我们的眼光太狭窄了。

人生的路很长，遇到的挫折也很多：为环境所迫，为条件所困，为生活所累，为情感所惑……有些事情我们是无法改变的。但有这一句话：“当我们无法改变他人的时候，我们可以改变自己；当我们无法改变环境的时候，我们可以改变心境。人生之路永远都不是只有一条。”

当我们不能改变全部时，为什么不改变局部？当我们无休止地抱怨的时候，为什么不尝试着走别的路呢？这时候，我们就应该满怀信心地尝试别的方法——当一种方法解决不了的时候，不要抱怨，尝试着走别的路。也许那就是一条捷径。

7. 理智生活不抱怨，拒绝情绪化处事

理，即理性，是逻辑化的主见；智，即智慧，是机智行事的方法。它既是一种明智，也是一种胸怀。一个人有主见、有方法、有胸怀，无疑会比一般人生活得更快乐，也更容易接近成功。而抱怨，则会让人丧失正常的理智，最后毁于自己的情绪化。

20世纪60年代，考古学家们在意大利卡塔尼山发现了一块墓碑，碑文大意如下：

有一个名叫托比的人，来叙拉古城游学，经过卡塔尼山时，看到山上有一只老虎。进城后，托比便对人们说，山上有一只老虎，上山时要小心。可是没有人相信他，因为这里从来没有发现过老虎。托比一再坚持，并向人们描绘老虎的样子如何凶猛。但是任凭他费尽口舌，人们仍然不相信。最后托比说："既然你们不信，那么我带你们去看看。"

当时柏拉图和他的几个学生也在叙拉古城，师徒一行人和托比一起上了山，但是一连几日，始终没有发现老虎的踪迹。面对人们怀疑的眼光，托比一边抱怨人们不信任他，一边对天发誓说，当天他确实见到了老虎。人们却说："当时你的眼睛被魔鬼蒙住了。如果你再坚持说见到了老虎，人们就会说叙拉古城来了一个撒谎的人。"

托比非常生气，他说："我从来没有撒过谎。我真的见到了一

只老虎。”为了证明自己的诚实，托比逢人便说他没有撒谎，并抱怨那些不相信他的人。到最后，人们见到他就躲，甚至认为他是个疯子。

这实在让托比无法忍受。他买来一杆猎叉，独自上山寻虎。他发誓，一定要找到老虎，把它打死，拖回来让人们看看。

结果，托比一去就再也没有回来。几天后，人们在山中发现了一堆破碎的衣服和一只脚。法官验证后说，托比是被一只重量为500磅左右的老虎吃掉的。

托比没有撒谎，也不是疯子。可是，用死来证明这一切，未免代价太高。证明自己是大多数人自然的愿望，然而世上许多不幸，都发生在人们急于向别人证明自己的过程之中。其原因就在于人们太在乎世俗的眼光，而抱怨则会让人走入极端。

其实，“证明自己”本身并没有错误，但是实际上很多人不过是在挣扎着想“证明自己给别人看”。殊不知，这本身就是一种庸人自扰的想法。

如果你是出色的，即使你不去证明，别人也会看到；如果你是平庸的，无论你怎么证明，你也无法蒙蔽群众雪亮的眼睛。更何况如果你是出色的，却仍然刻意地去证明自己，可能就会招致没必要的麻烦，比如引来小人的忌妒；如果你是平庸的，却费尽心思地试图证明自己并不平庸，那么别人看到的只会是一个跳梁小丑。就像西方那句著名的谚语所说的——所有的傻瓜都是自证的。

所以，那些真正出色的人，是不会刻意去证明什么的，更不会因此走入极端。即使是在利益受损、人格受辱的情况下，他们也从不抱怨，从不执著于证明什么。但这并不代表他们不会保护自己、不会反击。他们的理，是最坚固的盾；他们的智，则是最锋利的矛。

有一段时间，驰名法国的瓦利也杰剧院由于剧目质量较差，上座率不断下降。剧院经理非常着急，他找到著名作家大仲马，请他迅速赶写一个新剧本，争取提高上座率。剧院经理信誓旦旦地说，只要新剧本前26场演出能够卖到6万法郎，剧院保证付给大仲马1000法郎的高额稿酬。大仲马夜以继日地写好了新剧本，并且取得了预期的良好效果。剧院经理看着滚滚而来的钞票，不由得心花怒放。剧本演出到第26场时，大仲马来到剧场经理办公室，准备领取1000法郎的稿酬。

“尊敬的大仲马先生，非常抱歉，我不能付给您报酬了，因为26场演出，我们只卖了59999法郎。要不，我给您100法郎吧。”经理毫无诚意地说。

“真的吗？”大仲马平静地问道。“我以上帝的名义起誓。”经理故作庄重。“好吧。”大仲马微笑着点点头，然后走出了办公室，身后传来经理的开怀大笑声。不过一会儿时间，大仲马再次走进了经理办公室。“尊敬的大仲马先生，您是来拿100法郎的吧？”经理笑着从抽屉里拿出一小叠钞票，递到大仲马面前。

“不。我是来拿1000法郎的。”大仲马扬了扬自己的右手——他的手中是一张3法郎的门票。原来，大仲马刚才直接找到售票处，买了一张戏票。

“无赖的经理先生，这张戏票3法郎，加上您刚才说的59999法郎，已经超过了6万法郎。”无可奈何的经理只好打开钱箱，如数把钱付给大仲马。试想一下，如果大仲马执著于抱怨，或是执著于证明剧院经理在撒谎，甚至怒不可遏地教训对方一番，他能够顺利地拿到稿酬吗？所以，即使是对付那些言而无信、违背规则的人，我们也应该放下愤怒和冲动，冷静下来，然后运用自己的智慧，想办法让对方乖乖就范。

总之，无论是为了证明自己，还是为了解决问题，一味地抱怨只会让你失去正常的理智。如果不希望事情继续恶化，就必须放弃抱怨，用实力证明自己，用理智解决问题。要永远记住一点，我们的最终目标是解决问题，而不是发泄情绪。

8. 要想快乐，就不要抱怨

因为经常遇到困难或者挫折，抱怨成了某些人的“例行公事”。经常抱怨的人不见得是坏人，但可以肯定的是，这些人常常受人冷遇。他们的抱怨也有他们的理由，他们总是认为自己经历了世界上最大的困难，却忘记了听他们抱怨的人也有这些经历。

偶尔的抱怨无可厚非，但经常抱怨，就如同往自己的鞋子里倒水，抱怨越多，行路就越艰难。困难和挫折是一回事，抱怨是另外一回事。更为重要的是，原本愉悦的心情会因为抱怨而变得低落甚至哀伤。

一鸣是上海一家公司的部门经理。去年夏天他到南京谈生意，在中央门，坐上了一辆出租车，要求到新街口。

上了车他才发现，和别的出租车相比，这辆车不仅外观光鲜亮丽，而且司机要“正规”得多。天气炎热，但他仍然穿戴整齐，而且车内布置得也十分雅致，让人看了就很舒服、温馨。

车子发动之后，司机温和地问一鸣要不要开空调。司机发现一鸣似乎有点疲倦，又问他要不要来点音乐。等绿灯时司机又回过头来告诉一鸣，车上有刚买的现代快报和当期的杂志。最后司机甚至还问一鸣是否需要咖啡。

司机的“增值”服务很周到、很热心，一鸣有点不相信这样的事情会发生在自己身上。难道有什么不可告人的目的吗？但他从司机愉悦的表情里看出了真诚。

说实话，一鸣的这次行程并不是很开心，这个周末他早已和女朋友约好准备去旅行的，但老总的临时安排打乱了他的计划。不过因为这位司机的关系，他的心情好了很多。一鸣很好奇地问：“我感觉你的服务很周到，并且与众不同。你从什么时候开始这种服务方式的？”

司机温和地笑了笑，没有正面回答他的问题。他说：“我做司机快10年了，那时候还没结婚，因此收入不仅够温饱，而且还能存下一笔钱。自从结婚以后，压力就大了，而且这两年经济形势也不好，收入也减少了，孩子要上学，老婆工作也不稳定，压力太大，活得非常疲惫和痛苦，因此我经常抱怨工作辛苦，觉得人生没有意义。但抱怨并没有改变我的生活状况，反而让心情变得越来越糟糕。那天，我送一位退休的大学教授到火车站，他看出了我的颓废。他说：‘如果你觉得日子不顺心，那么所有发生的事情都会让你觉得倒霉；如果你换一种心态的话，也许生活就是另外一个样子了。你也不用活得这么痛苦，每个人都能在社会中找到自己的位置。’

“因此我相信，整天抱怨生活不如意，不但改变不了现实，而且还会让自己越来越痛苦；人要快乐，就要停止抱怨，要改变自己。我想，也许我该改变一下生活方式了。我相信，我把我的快乐带给我的乘客的同时，我也会很快乐的。我也相信，我现在做到这些了。”司机的话，让一鸣感动不已。

一味地抱怨并不能改变现实，反而会使自己的心情越来越糟糕。刚开始的时候一鸣就是这样的心理，因而他闷闷不乐。司机乐观的生活态度感染了他。想快乐，就要少一些抱怨。生活中常常会有一点不顺心的事，抱怨能否改变这个糟糕的现实？最关键的是，它能让你快乐吗？你是想让别人怜悯你，还是让别人觉得你懦弱无能？

过多的抱怨，不仅会让自己生活在痛苦之中，还会阻碍自己的发展。你想想，上班的时候，遇到点儿挫折便怨天尤人、唠唠叨叨，自己的心情一团糟，还会消极地影响别人。谁愿意与这样的人交往呢？明白了这点，我们的心胸才会宽阔起来，也只有这样，我们才能清醒地认识自己，不至于在路上被烦恼绊倒。如果清楚了这个道理，请现在就停止无休止的抱怨。认真地做好下面几点，你的生活也许会是另一种状态了。

换一种心情对待不如意的事情。同一件事，角度不一样，想法不一样，可能得出来的结论就不一样。比如别人对我们说了难听的话，从我们的角度说当然很生气。但如果站在对方的角度呢？也许他在为我们提意见呢。一个好的故事可以纯欣赏，但也可能成为改变一个人的契机。知道自己需要改善的地方，并且努力去完成它，才是真正有勇气的人。成功总是属于那些坚持到底的人。

己所不欲，勿施于人。当你真的了解抽烟会影响他人的健康的时候，也许你就不会抱怨别人因为你在公共场合抽烟而批评你了，你也不会抱怨别人都针对你了。当然，你也不会因此抱怨爱人为什么跟你过不去。

适当改变自己。每一个人其实都想过更好的生活，但却不希望改变自己，然而天下没有白吃的午餐，一分耕耘才有一分收获。如果你希望拥有大成就，你就必须具备一个成功者的思考态度或行为规范。

你可以选择你要的人生，不过抱怨只会让事情更混沌。你可以选择早晚抱怨别人，也可以在觉醒后力图振作。它不一定会推翻过去所有的生活步调，它可以是一个当下念头的转换，或是一个行为的修正。不放纵自己的言行，让自己的善言善行慢慢变成良好的习惯，也许用不了多久，你就会发现，你原来也是如此快乐。

9.乐观生活，化解抱怨

在现实生活中，人们总会发现抱怨的人远比乐观快乐的人多。没有多少人愿意与喜欢抱怨的人做朋友，因为这些人在抱怨的时候，也在伤害着身边的人，为他人招惹麻烦。世界上几乎没有人因为抱怨而得到快乐。

去年刚刚大学毕业的程吉，目前在上海的一家外贸公司任职，刚工作的情景现在仍然历历在目：

因为是第一天上班，程吉非常谨慎。虽然公司9点才上班，而且到公司只有半个小时的车程，他还是在6点就起床了。洗漱完毕之后，他特意挑选了衣柜里最贵也是最正式的一套职业装，然后精神抖擞地出门了。

但是让程吉没想到的是，当他昂首阔步进入公司之后，人力资源部经理把他领到他所在的外联部后，就再也没有人答理他，部门里的其他职员也没有人抬头看他一眼。

程吉坐在座位上等了半天，也没有人过来安排他任务，他只得去找部门经理。部门经理看了看他说：“小程啊，饮水机的水要换了，还有帮大家到下面买些充值卡，回来的时候顺便给大家买好午饭……”

程吉其实是非常郁闷和无奈的，他也不知道该怎么办，如果拒绝又怕得罪部门经理。对他来说，帮同事做点事情倒是没什么，可是没有一个人对他的行为表示肯定，一句谢谢都没有。更为重要的是，这些琐碎的事情在同事们的眼中，也许都成了他分内的事情。

因为这些事情，程吉很失落，他也曾暗地抱怨过部门经理，但工作仍然得继续。就这样程吉的这份工作一直持续了半年之久，最后他不得不卷铺盖走人。和刚到公司时的兴高采烈相比，他走得似乎有点黯然，因此他的心绪一直很坏，这也直接影响到了他以后找工作的信心。

对于初入职场的程吉来说，因为缺少经验，可能很难正确处理好与上司、同事的关系。但抱怨根本解决不了问题，相反还会给自己的人际关系蒙上一层阴影。

在我们周围常听到抱怨生活不公平、不如意的声音，这些人总是跨不过那扇快乐之门，被抑郁、忧伤困扰。而这些痛苦来源于“把自己摆错了位置”，总觉得生不逢时，总觉得机遇未到。长期抱怨的人，最容易犯的一个错误，就是让消极的想法在自己脑海里面生根发芽。就像经常有人这样说：“我知道我不该抱怨，但我不知道该怎么让自己不要抱怨。”

很多时候，抱怨与乐观仅仅一步之遥。假如你是个悲观的人，选择了抱怨，也许你将时时忍受忧郁、痛苦的折磨，你的生活、学习、情绪、健康都将因此付出代价。相反，如果你能乐观地对待你所遭遇的一切不幸，困难和挫折将会因为你的乐观而变得渺小和微不足道。

如果你能意识到自己不该抱怨，这将是你克服抱怨的第一步，因为意识到自己应该如何做和不应该如何做很重要。克服抱怨最好的办法，莫过于保持乐观的情绪了。保持乐观的情绪，应该做到以下几点：

（1）有一个快乐的人生计划。毕竟人活着就是为了生活得更快乐、幸福，而幸福的生活要靠自己的努力去争取。因此，你需要给自己定一个目标。为了这个目标，你就需要勤奋和努力。即使遇到了困难或者挫折，目标的动力也会克服你的消极情绪，让单调乏味的工作充满乐趣。

（2）对自己不要过于苛求。很多人乐于抱怨，包括抱怨别人也抱怨自己，多是目标定得过高，当依靠自己的力量无法实现的时候，就会抱怨别人。“为什么他没有帮助我？”“为什么我这么不顺？”从抱怨别人到抱怨自己，情绪将越来越糟糕。

（3）保持微笑，积极调控情绪。保持乐观的心绪，排除不良的情绪，让自己在愉快的环境中度过每一天。

10. 不要对身边的幸福视而不见

人们最常说的一句话就是：“钱不是万能的，没有钱却是万万不能的。”诚然，物质是生活的必需，但是不要忘了，用心感受快乐和幸福，并不会影响你的追求。

佛经中有这样一个故事：有一天，佛陀外出云游，路上遇见一位诗人。诗人年轻、有才华、富有、英俊，而且拥有娇妻爱子，但他总觉得自己不幸福，逢人便抱怨上天对自己不公。佛陀问他：

“你不快乐吗？我可以帮你吗？”诗人回答：“我只缺一样东西，你能给我吗？”“可以，”佛陀说，“无论你要什么，我都可以给你。”“是吗？”诗人盯着佛陀，一字一顿、满脸怀疑地说，“我要幸福。”佛陀想了想，自言自语道：“我明白了。”说完，佛陀施展佛法，把诗人原先拥有的一切全部拿走——毁去他的容貌，夺走他的财产，拿走他的才华，还夺走了他的妻子和孩子的生命。做完之后，佛陀立即离去。

一个月后，佛陀再次来到诗人身边。此时的诗人，已经饿得半死，躺在地上呻吟。佛陀再施佛法，把一切又还给了诗人，然后悄然离去。半个月后，佛陀再次去看诗人。这一次，诗人搂着妻儿，不停地向佛陀道谢。因为，他已经体会到了什么是幸福。

生活中，我们不正像那位诗人一样吗？——对自己身边的幸福视而不见，却苦苦寻觅所谓的幸福与快乐。其实生活就是这样，它在无形中就已经给了我们必需的东西，是追逐的目光和抱怨的心理使我们不懂驻足欣赏我们已经拥有的幸福。当一切失去时，我们才发现它的珍贵。

艺术大师罗丹说过：“生活中并不缺少美，只是缺少发现美的眼睛。”处在当今社会中，每个人的脚步都变得越来越匆忙，很多人的眼光都变得越来越势利。人们忙着追求，忙着索取，直至失却了沉静的本能，成为物质的奴隶。人们最常说的一句话就是：“钱不是万能的，没有钱却是万万不能的。”诚然，物质是生活的必需，但是不要忘了，用心感受快乐和幸福，并不会影响你的追求。

美国西雅图有个很特殊的鱼市，很多顾客和游客都认为到那里买鱼是一种享受。原因就在于，那里的鱼贩们虽然整日被鱼腥味包围，但他们总是面带笑容，而且他们工作时可以和马戏团演员相媲美，个个身手不凡。他们就像合作无间的棒球队员，让冰冻的鱼像棒球一样，在空中飞来飞去，并且互相唱和，“啊，5条带鱼飞到明尼苏达州去了。”“明尼苏达州收到，请再来一批。”

这种工作气氛还影响了附近的居民，他们经常到这儿来和鱼贩用餐，感受他们的好心情。后来，甚至有不少没办法提升工作士气的企业主管专程跑到这里来取经。

有一次，一位记者专程来采访他们。记者问道：“你们在这种充满鱼腥味的地方做苦工，为什么心情还这么愉快？”

一个鱼贩回答：“几年前，这个鱼市场也是一个没有生气的地方，大家整天抱怨。后来大家认为，与其每天抱怨沉重的工作，还不如改变工作的品质。于是我们不再抱怨生活的本身，而是把卖鱼当成一种艺术。就这样，我们变得越来越快乐，这里成了鱼市场中的奇迹。”

“实际上，并不是生活亏待了我们，而是我们期求太高，以至忽略了生活本身。”另一位鱼贩补充道。

也许有人会说，“有谁愿意抱怨啊？你是不了解我的痛苦”。确实，生命的苦旅中有无数艰难险阻，甚至让人难以承受。但是抱怨又能怎样呢？而且当你看完了下面的故事，相信大多数人都会明白，我们甚至没有抱怨的资格。

2004年5月的一个晚上，在12000余名听众雷鸣般的掌声中，一位“半身人”用双掌撑地，一步步地走上了青岛天泰体育场的主席台。

这个半身人来自澳大利亚，名叫约翰·库缇斯，天生没有下肢，但是他却用双掌走遍了世界上一百九十多个国家和地区，被誉为“世界上最著名的残疾人演讲大师”。此外，他还是全大洋洲的残疾人网球赛的冠军，是游泳健将，甚至会用两只手开汽车。

“大家好。”打过招呼，库缇斯拿起了桌子上的矿泉水瓶子，边比画边说：“从一出生我就是个悲剧，当时我只有矿泉水瓶这么大，两腿畸形，医生断言我活不过当天，可我活到了现在。35岁的我依然健在，而且经常在世界各地旅行……”

库缇斯一口气讲了半个小时，其间，观众们的掌声几乎就没停过。最后，库缇斯突然举起手里的一件东西说：“我非常感谢青岛朋友的热情招待，我住的宾馆条件非常好，但有一样东西让我不知所措，服务生却每天都会把它放在我的床头。”说完，库缇斯把他说的东西扔向了听众席，原来是一双一次性拖鞋。听众席一片肃静。

“如果你能穿拖鞋的话，你是幸运的，你是没资格抱怨的。不是每个人都能够穿拖鞋的。”库缇斯大声说。听众席上立即爆发出一连串的喝彩声，紧接着是长久的掌声。

哲人说：“苦海即是天堂，天堂也即苦海。”想想真是如此。有时候我们明明生活在天堂，却总是觉得自己苦不堪言；而我们意识当中的苦海，却有很多人生活得不亦乐乎。这一切，其实都取决于我们的心态是否平和，我们是否足够坚强。最后再问一句：“和库缇斯相比，你有没有资格抱怨？”如果没有，还是及早放弃抱怨，学会珍惜吧。只要抛开那些无谓的烦恼和杂念，学着去适应、去发现、去感受、去改变，你一定会摆脱抱怨的束缚，发掘到幸福快乐的真谛。

11. 把困难当成人生的财富

我们处在一个激烈竞争的社会，人们面对各种各样的压力，失败和挫折给人造成的精神痛苦无疑是巨大的。如果没有坚强的意志来承受这种痛苦，如果只是抱怨痛苦所带来的不幸，那么，你就可能因失败而一蹶不振。把困难当成一种财富，人生会更加精彩。

英国政治学家和教育家格雷厄姆·沃拉斯说过：“绵羊每咩咩地叫一次，它就会失掉一口干草。你抱怨越多，消极的思想出现的次数越多，你就越难摆脱破坏你健康心态的敌人；你就越难摆脱破坏你幸福的敌人。因为，你每想象它们一次，它们就更深地潜入你的意识之中。思想宛如一块磁铁，它只吸引与它类似的东西。与你思想相左的东西是不大可能产生的，你的成就首先是在你的思想上取得的。”

喜欢抱怨的人很多，人们因为抱怨而徒增的烦恼、造成的不利则更多。永远不要抱怨，如果能够改变就努力地改变，如果不能改变就欣然地接受。我们越是不愿忍受，就往往越难以忍受，越难以忍受也就越不愿忍受。如此恶性循环，极易导致心理或者行为的出轨。

一个富商在一次投资中，赔光了所有家产，债主整日在他家中索债。他伤心欲绝地去跳河。来到河边，他看到一个妇女站在河边，哭得非常伤心，接着一步步走向河中间。出于本能，他把那个妇女拉回了岸上。他同情地问道：“你为什么跳河？”

“我，我被丈夫遗弃了。”妇人还在抽泣，并且抱怨他不该把她拉回来，她声称自己已经没有活路了。

“你什么时候认识你丈夫的？”富商问道。

“我是3年前认识他的，我们刚结婚1年他就另觅新欢不要我了。”

妇人越说越伤心，站起来，又要去跳河，富商一把抓住她。

“哦，你等等，”富商问，“那3年前没有遇见他的时候你是怎么活的？没有他你就必须跳河吗？”

“哦，3年前我没有认识他的时候，我生活得很好，很快乐。”

妇人陷入了往事的回忆中。

“是啊，你完全能从头再来啊。只不过3年时间，它在你一生中只占几十分之一啊，干吗要为3年付出那么多代价呢？3年是可以用另外一个3年挽回的。”富商忽然想到自己，他停顿了一下，继续说道，“你看，3年前我也是一个到这个城市打工的流浪汉。当时我身无分文，可现在我已经是富翁了。你说是吗？”

“是啊，3年前我生活得很好，现在我一样可以很好。”妇人若有所悟，喃喃地说道，继而她对富商深深地鞠了一躬，说道，“谢谢你，我真不知怎么谢你。”然后她轻松地离开了。富商摇了摇头，看了一眼滔滔的河水，也轻松地离开了河边。

既然我们无法避免生活的苦难，那么就不要再去抱怨，学会直视它。生活中的坎坷没有什么大不了。人只有经历各种摸爬滚打，才能提高自己对环境适应的能力；人只有经历风雨、饱经磨难，才会真正体会到生命的意义。仅有聪明，人并不一定能取得成功，也不可能真正明了做人的意义。

赫胥黎说过，没有哪个聪明人会否定痛苦与忧愁的锻炼价值。同样，我们也不可否认磨炼所具有的价值。成大事者必须具备承受痛苦的能力。这里的痛苦不单是指肉体的痛苦，而且是指因失败、挫折等各种外在因素的打击而导致的精神痛苦——这是不可回避的。

除非你想做个“输不起的人”，否则，你就要面对。当你第一次面对时，你可能心怀恐惧，但是这些东西不是孤单的，它们总是在各个不同的角落，以各种不同的形式出现。比如，你可能痛失亲人，你可能在职场被淘汰，你可能面临破产……但是，你每承受一次打击，你就会发现你的意志力会增强一分。人的意志力的强弱与对痛苦的承受能力成正比关系。意志坚强者百折不挠，意志薄弱者知难而退。

孟子说：“故天将降大任于斯人也，必先苦其心志，劳其筋骨，饿其体肤，空乏其身，行拂乱其所为，所以动心忍性，增益其所不能。”我们处在一个激烈竞争的社会，人们面对各种各样的压力，失败和挫折给人造成的精神痛苦无疑是巨大的。如果没有坚强的意志来承受这种痛苦，如果只是抱怨痛苦所带来的不幸，那么，你就可能因失败而一蹶不振。

人高于其他动物的一个可贵之处恰恰是人在改造自然和社会实践中，不是本能地逃避痛苦，而是能动地经受磨难，接受不可回避的东西，把这种磨难变成一种精神财富。

第五章

情绪滋生借口，随时进行调控

人是有感情的，有情绪是正常的。不过，有情绪不等于一定要宣泄，而应该学会控制。否则，一旦被情绪控制，就极易失去理性，从而滋生出各种在冷静下来之后才发觉是可笑、荒谬、于事无补的借口，徒增烦忧。

1. 做一个冷静稳重的智者

在历史上，不乏稳重成大事的人。诸葛亮坐镇守城，面对司马懿几十万大军临危不惧，那种安定沉稳、面不改色，弹琴曲调柔和、音韵不改的气势让人敬佩；拿破仑每每遇到大战险情，那种指挥镇定、遇事不慌的气魄值得赞叹。他们在困难面前，不是满腹的抱怨，而是临危不惧，稳重自若，最后才成就了一番事业。

抱怨只会使人远离成功，走向失败。在生活和工作中，只有成熟才能把技巧发挥得淋漓尽致，只有稳重才能在竞争中不慌不乱、有板有眼地发挥智谋。强强对抗中一丝一毫的幼稚与惊慌、牢骚与抱怨只会于事无补，最终导致功亏一篑。

曹玮是宋朝时渭州的知州，兼管本地军事。他训练出的军队英勇善战，西夏人很惧怕他，因此，朝廷一直让他据守于此。

一天，曹玮正在州府内宴请宾客，部下将军都在席上陪同。宴后，曹玮要与宾客下棋。刚刚摆好棋子，只见一名士兵慌慌张张地跑进来，禀告曹玮说："大事不好，有士兵叛逃到西夏去了。"周围的将官与宾客听了都很震惊。

曹玮也很吃惊，但他为人精明稳重，马上意识到自己是主帅，应该稳住大局，不能像其他人一样慌乱，尤其是如今宾客尚在，人多嘴杂，难免出现纰漏。所以，他急忙止住士兵的话说："不要大惊小怪，他们是我派去的，你千万不要把此事声张出去。”

曹玮的话不知道怎么传到了西夏，西夏人以为逃亡来的宋营士兵是奸细，非常气愤，立即把他们杀了，并把人头抛向宋朝的边境。自此，再也没有士兵叛逃。

在没有思想准备的情况下，曹玮以不变应万变，不但迅速稳定了情绪，而且将计就计、顺水推舟，一下子变不利为有利了。伟大人物都是“镇静”的高手，因为他们懂得，抱怨对解决问题毫无意义，只有沉下心，才可能让办法浮出水面。

我们经常会看到这样一个场面，面对突然变故，一些核心人物总会大喝一声：“慌什么。”这句话一半是提醒别人，另一半则是在暗示自己。惊慌抱怨容易使人失去正常的思考能力，使人丢三落四、语无伦次。

在美国，有一位具有27年飞行经验的驾驶员，在一次采访中介绍了他的一段飞行史中最不平常的经历：

在第二次世界大战时，他是F—6型飞机的飞行员。一天，他们接到战斗命令，从航空母舰上起飞后，来到东京湾。他按要求把飞机升到距离海面300英尺的高度做俯冲轰炸。300英尺低空飞行在今天可能不算什么，但在当时，这已经是很低的飞行高度。

正当他以极快的速度下降并开始做水平飞行的时候，他的飞机的左翼突然被击中，整架飞机翻了过来。

人在飞机中是很容易失去平衡感的，尤其在天和海都是蓝色的时候。飞机中弹后，飞行员需要马上判断他的位置，以便决定他应该向上还是向下操纵他的飞机。但是，在最初那一瞬间，在那生死攸关的关键时刻，他没有去碰驾驶舱里的任何控制开关，只是强迫自己冷静、思考、理智。于是，他发现蓝色的海面在他的头顶上，知道了自己确切的位置，知道了自己的飞机是翻转了。这时，他迅速地推动操纵杆，把他的位置调整了过来。在那一瞬间里，如果他依靠他的本能，慌乱地操作，那么他可能会把大海当做蓝天，一头撞进海里葬身鱼腹。这位老飞行员在回忆过后，语重心长地对记者感慨道：“是我的冷静挽救了我的性命。”

一切都在变化之中，发生突变事件是难免的，如果那时他只是想着抱怨飞机是谁维护的，老天为什么这样惩罚他，那他就只有死路一条了。正是他稳定、理智的情绪救了他。稳定的情绪来源于何处？正是来源于正视事实、接受事实。理智的人在危险面前能保持头脑清醒，因此能临危不惧，化险为夷。

因此，培养稳重的习惯是非常重要的，这样我们在任何场合都能应付自如。相反，不稳重不仅会使我们自己无法正常思考，而且会让周围的人慌作一团。

那些有过辉煌的人物，都曾经有战胜一切阻碍其发展的力量的经历，当然他们最先战胜的是自己的情绪。因为战胜了自己的情绪，他们在关键时刻才会显得从容不迫，接下来的一切才会变得简单起来。

要想成为一个成功的人士，就必须先成为一个从容不迫的人，就必须养成稳重的好习惯。

2. 要改变命运，先改变心态

当遇到不如意的事情的时候，不要总是无休止地抱怨。为什么不把抱怨的时间和精力用来反思和改变自己的心态呢？心态决定行动，有一个好的心态，才可能有一个好的结果。

有三个年轻人，一起到一个露天洗车场当洗车工。春夏秋冬，酷暑严寒，他们终日里埋头苦干。一天，一位大学教授到这里洗车，发现他们三个虽然都是洗车工，但工作态度迥然不同。于是他好奇地问A：“你在干什么？”A悠闲地说：“您没看到吗，我在擦车。”

大学教授又问B：“你在干什么呢？”B笑着说：“我在给顾客做汽车保养。”

然后他又问C：“你在干什么？”C微笑着回答他说：“我在帮老板赚钱，当然也是给自己挣口饭吃。”

大概过了六七年，这三个一同来打工的年轻人的命运发生了天翻地覆的变化：A作为一个洗车场的业务主管去B开的汽车养护产品店进货，C作为“香港环保洗车王”科贸集团的董事长到B开的经销店考察。B无限感慨地对C说：“你当年就是跟我俩不一样，所以现在就大不一样了。”

B说的“不一样”，其实说的就是心态问题。相同的环境，只是因为心态不一样，各自的命运竟然产生了如此巨大的差别。在三个人中，最有成就的当属C，他的成功就在于他的心态比另外两个人更好，“我在帮老板赚钱，当然也是给自己挣口饭吃。”一句简单的话，就透露出了他坦然自若的心态。有了这种坦然的心态，还有什么不可以面对的呢？

即使是一件很微小的事情，也能让很多人烦恼或者悲伤不已。面对烦恼和悲伤，他们抱怨连天。总觉得是别人的缘故才导致目前的窘迫，因此对他人有了更多的苛求。

为什么说是苛求呢？因为每个人都有自己的思想和想法，他们不会因为别人而刻意改变自己。举个例子，同事性格外向、能说会道，他可能不会因为某个同事内向开不得玩笑，就三缄其口，有时候有意无意就会取笑别人一番。这时候，被取笑的人可能就开始抱怨了。但那能怎样呢？抱怨，只会让他们的心情越来越坏，根本解决不了问题，这种事情太多了。

他们之所以抱怨，是因为别人身上有他们看不惯的东西，但他们又无法改变这种现实。那么，为什么不尝试着去改变自己的心态呢？也许仅仅改变一点点，情况就大不相同了。

一年前，陆光宇从美国留学回国。在朋友的介绍下，他来到了宁波的一家私企。在和这家私企的老总面谈之前，陆光宇深信不疑，以他耶鲁大学博士的身份，在这样一个小企业找份工作，那是绰绰有余的。不过，当他见到这位老总的时候，他才发现自己想错了。

原来这家私企的老总是个脾气古怪又很固执的人，他对那些文质彬彬的文化人很有偏见。当陆光宇信心百倍地告诉老总他是耶鲁大学毕业的时候，公司的老总疑惑地看着他："耶鲁大学？没听过这个名字。我对你是什么大学的并不感兴趣，我非常讨厌那些自以为是的人，上了什么大学就表示有能耐了吗？我没文化不照样当老板吗？"

老总的话顿时让陆光宇黯然失色，不过他很快冷静了下来。按照他的脾气，可能早就走人了，但他没有这样做。一方面，他需要这份工作；另一方面，他发现老总虽然说话难听，但是个正直的人。因此，他故作神秘地对老总说："如果你答应不告诉我父亲的话，我就告诉你一个秘密。"

老总看了看陆光宇，也被他的话逗乐了，然后点头同意了。于是陆光宇小声地对老总说："其实我在耶鲁大学根本没有学到什么。我之所以在那儿待到毕业，完全是因为我的父亲，他身体不太好，我不想惹他不高兴。”

老总听了陆光宇的话，思索了一下，然后微笑着说：“那你明天来上班吧。”

抱怨纵然能解一时怒气，但是并不能解决问题，更不能让我们成为最后的赢家。可以想象，如果陆光宇这么做的话，他的这份工作肯定泡汤了。相反，他没有抱怨，更没有和老板对着干，而是随机应变，迎合了老板的观点，最终得到了这份工作。

因此，当我们遇到不如意的事情的时候，不要总是无休止地抱怨。为什么不把抱怨的时间和精力用来反思和改变自己的心态呢？心态决定行动，有一个好的心态，才可能有一个好的结果。

当然，面对别人的刁难，比如你的上司故意和你过不去，你可以讨厌他，而且完全不必去讨好他，也没必要和他达成一致意见。你可以不喜欢他，但一定要清楚，不能让他制造的麻烦转变成你的烦恼。无论你为此多么愤怒，他也不会为你而失眠。如果你因为他的过错而陷入无尽的烦闷悲伤之中，你就成了唯一一个受到伤害的人。

3. 别被想象中的困难吓倒

每当遇到挫折与困难的时候，人们常常这样想：“老天怎么总是和我对着干？”“完蛋了，我肯定无法按时完成上司交给的任务了。”“我怎么总是把事情弄得一团糟。”如果你想的是厄运和悲哀，那么悲哀和厄运就会到来。因为消极的词语会破坏一个人的自信心，不能给人以鼓舞和支持。其实，一切并没有那么糟糕。因此，无论在何时，都不要被想象中的困难吓倒。

有这样一个故事：一个商人驾车出游，行驶在一条漆黑无人的小路上，突然轮胎没气了。四下张望，他最后发现了远处农舍的灯光。他边向农舍走着边想："也许没有人来开门，要不然就没有千斤顶。即使有，主人也未必肯借给我。"他越想越觉得不安，当门打开的时候，他一拳向开门的人打过去，嘴里喊道："留着你那糟糕的千斤顶吧。"

这个故事看后令人发笑，因为商人简直是个神经病，主人还没做任何表态，他却先把自己打倒了。这就是消极思想在作怪。

消极是人生中的大敌，它严重地阻碍了我们走向成功的脚步。因此，凡事要往好的方面想。积极的想法可以为你提供巨大的精神动力和智力支持，可以促进你早日走向成功。

要想变得积极，从容应对一切，不被困难吓倒，你可以按照下面这些方法去做：

（1）打消消极的念头

当消极的念头出现时，立即用一句"停止"的口令将它打消。在理论上，叫停是件轻而易举的事，但实际操作起来非常困难。要想做到这一点，必须拿出巨大的恒心和毅力。

杨立自幼丧母，由父亲抚养成人，从小到大一直活在"蜜罐子"里。这使得杨立严重地缺乏自主能力，以致做事时畏首畏尾。

如今，杨立在一家公司做事。他很倾慕部门里的一位女同事，很想约她外出。但他的疑虑使他踌躇不前："跟同事约会怕是不大好吧？""要是她不答应，那该有多尴尬啊？"

后来，在朋友的鼓励下，杨立打消了内心的忧虑，勇敢地向对方提出约会。结果，她竟以怪罪的口气问他：“杨立，你为什么这么久才来约我？”

（2）抛开令人心烦的事

一位经常被烦心事困扰的朋友这样描述他的经历：“我晚上躺在床上总是睡不着，思潮起伏不定，一会儿想‘我对孩子是不是有些苛刻’，一会儿又怀疑‘客户打来的电话我是不是回了’。转而又想‘明天老板又要交给我一项新任务，要是完不成可怎么办’。后来，我实在太心烦了，干脆不去想那些令人心烦的事，而是回想和朋友一起旅游时度过的快乐时光。想起他对着猩猩大笑的样子，我竟然不由得笑起来。不久，我的脑子里全是一些美丽的回忆，慢慢地就进入了梦乡。”

（3）客观地看待那些令你忧虑和恐惧的事

刘芳第一次去看心理医生，开口便说：“医生，我觉得你根本帮不了我，因为我实在是个很糟糕的人，老是把工作弄得一团糟，早晚会被老板炒鱿鱼。就在昨天，老板说要调我的职，说是升职。要是我干得很好，他干吗要调我的职呢？”

说完那些泄气的话后，刘芳又道出了自己的真实情况。原来，她在两年前拿了个工商管理硕士学位，而且有一份待遇优厚的工作。事实上，她在工作上干得非常不错，但总是没有自信，认为自己欠缺的地方太多。消极使她陷入了自卑的境地。

针对刘芳的情况，心理医生要她以后把心里想到的话记下来，尤其是在晚上睡不着觉时想到的话。在他们第二次见面时，刘芳列下了这样的话：“我并不怎么出色，之所以有些成绩，纯属侥幸。”“我明天一定会大祸临头，因为从没主持过会议。”“今天下班时老板一脸的不高兴，我做错了什么呢？”

她坦诚地说：“仅仅在一天里，我列下了22个消极思想，难怪我经常觉得疲倦，意志消沉。”

刘芳把忧虑和恐惧的事念出来后，才发觉到自己为了一些假想的灾祸浪费了太多的精力。

如果你感到情绪低落，可能是因为你也像刘芳那样，总是在给自己灌输消极的观念。若是这样，建议你把内心的想法写出来。久而久之，你就会发现那些消极的念头毫无意义，慢慢地你就能控制自己的情绪，而不是被思想套牢了。那时，你的思想和行为就会发生很多的改变。

（4）剔除自我评价的消极字句

我们常常听到有些人这样感叹：“真没用，我只是个小小的秘书。”“我实在是太渺小了，仅仅是个推销员。”“我只不过是个打字员，根本配不上一个堂堂大学生。”

在进行自我评价的时候，人们常常用一些消极的字眼儿，如“只是”、“仅仅是”、“只不过”等来贬低自己。事实上，他们不仅贬低了自己，也贬低了他们正在从事的事业。这对于改变他们所处的现状来说，起不到任何作用。

把消极的字眼儿剔除掉，你才能发现自身的价值，才能给自己一些肯定。你若以一种肯定的语气来评价自己“我是个推销员”，“我是个秘书”，“我是一名电脑操作员”，你就能发现你所存在的价值和意义。这也有助于你今后更好地完成工作。

4. 冲动是一切悲剧的根源

有人说，冲动是一切悲剧的根源。此话不假。生活中有很多原本老实本分的普通人，只因不能克制自己，结果把抱怨变成了冲动和报复，因为一些鸡毛蒜皮的小事毁掉了自己的一生。

我们来看一个典型案例：

杨某与张某本是母子。母亲杨某改嫁后，跟随母亲生活的儿子张某总觉得母亲对继父的孩子更好，因此经常抱怨母亲，母子关系日益紧张。2007年2月13日，张某向母亲要钱买手机遭到拒绝后，一气之下将家里的“敌敌畏”农药投进了早饭中，其母、继父和继祖母吃过有毒的饭菜后很快昏迷。张某见状既害怕又后悔，赶紧拨打了急救电话，其母和继父很快脱离了危险，但继祖母却中毒身亡。20岁的张某因故意杀人罪被判处死刑。

相关调查显示，时至今日，这种由于一时冲动、怒火攻心而导致的犯罪案件已经远远超过了有预谋、有计划的犯罪案件数量。此类犯罪嫌疑人普遍存在着思想偏激、报复和忌妒心强烈、爱抱怨甚至仇视社会等共性。有时稍微受到外界刺激，他们便不能容忍，尤其是那些“曾经深爱”的人。

他们青梅竹马，他们两小无猜。他们郎才女貌，他们事业有成。他们在所有人的祝福声中走进结婚的殿堂，认识他们的人，无一不看好他们。但是仅仅两年，他们的幸福却过早地凋谢，并以悲剧收场。

原因非常老套：婚后一年多，他出差时遇到了一个比他小两岁的女孩。女孩温柔漂亮有气质，爱他潇洒大方又多金。时间一长，二人鬼使神差，欲罢不能。

世上没有不透风的墙。不久，她便知道了真相，而且偷偷跟踪过他。她生气，她后悔，但她不想失去他。一开始，她还能冷静下来，像书里和电影里说的那样，用智慧对付那个女孩，用温柔挽回他的心。然而他屡教不改，反倒有恃无恐。最后，她的理智变成了强烈的冲动，只要一见面，非吵即骂。有一次，他甚至出手打了她。看着他的眼神，她终于明白，他已经不再是那个温柔的他，也不再是那个曾经属于自己的他。

得不到的东西，谁也别想得到。于是她假装大方地说："我累了，我决定退出这场辛苦的战役。与其三个人都痛苦，还不如我退出。虽然我不想退出，但我只能放手。祝你们幸福。"

一番话说得他甚至有了和她破镜重圆的冲动。感动之余，他答应了她的请求，带她见一见那个女孩，让她自己明白自己输在了哪儿。

女孩来了，三个人的晚餐在一家很高档的酒店里进行。"果然很漂亮，可惜啊。"这样想着，她把偷带进来的浓硫酸泼向了女孩的脸……

也许你确实是一个受害者，但己所不欲，我们又何必一定要把伤害加诸他人呢？也许他曾经真的爱过你，也许你一辈子都忘不了他，但时过境迁。请不要在不恰当的时候再傻傻地追问："你不是说要和我一生一世吗？"更不要做出傻事，伤害了别人，也毁灭了自己。

然而事实上，面对失意，尤其是遭受侮辱和伤害时，很少有人能够保持冷静。在2006年的世界杯决赛赛场上，冲动的惩罚再一次上演：法国队的灵魂齐达内因为用“头球”将“挑衅者”马特拉齐一头撞倒，被裁判红牌罚下。如果没有那犹如魔鬼附体般的冲动一撞，也许法国人的谢幕会更加完美，然而他选择了简单粗暴的方式。这无论是对齐达内本人，还是对千万球迷而言，都是一个永远无法弥补的缺憾。

所以，遭遇类似情况时，我们要学会冷静，克制住冲动，前提便是不抱怨、宽容和必要的处世技巧。很多时候，很多人都在抱怨周围的人太不讲理，缺乏道德，其实奢求交往对象都是品德高尚的人，本身就不切实际。与人相处，想要避免类似的麻烦，最重要的是我们自己是否善于自持，是否善于与周围的人相处。下面的小故事，也许能为你提供些许借鉴意义：

古印度有一个叫爱地巴的人，每次和人争执、生气时，他都会以很快的速度跑回家去，绕着自己的房子和土地跑三圈，然后坐在地上喘气。几十年光阴弹指而过，逐渐年迈的爱地巴变成了附近最富有的人。即便如此，与人争论、生气的时候，他仍然还是老样子——绕着房子和土地跑三圈。

“为什么爱地巴生气的时候要绕着房子和土地跑三圈呢？”人们非常困惑。但是无论怎么问，爱地巴从不开口。

直到有一天，爱地巴很老了，他的房子和土地也已经非常多了。这天，他又生了气，他拄着拐杖艰难地绕着土地和房子转，整整用了一天的时间，他才走完三圈，然后坐在田边喘粗气。

一直跟着他转圈的孙子恳求说：“爷爷！为了您的身体，您不能再像从前一样，一生气就绕着土地跑了。还有，您能不能告诉我您一生气就绕着土地跑三圈的原因？”这一次，爱地巴说出了隐藏多年的秘密。他说：“年轻的时候，我一和人吵架、争论、生气，就绕着房子和土地跑三圈，一边跑一边想，自己的房子这么小，土地这么少，哪有闲心和人生气呢？一想到这里，气就消了，接着努力工作。”

孙子又问：“爷爷，您现在是这里最富有的人，为什么还要绕着房子和土地跑呢？”爱地巴说：“我现在还是会生气，生气时绕着房子和土地跑，一边跑一边想，自己的房子这么大，土地这么多，何必跟一个穷人计较呢？一想到这里，气也就消了。”

这个并不真实的故事，却告诉人们一个实实在在的道理：虽然“人在江湖，身不由己”，生活中总是不免摩擦和矛盾，但是每个人在选择冲动的同时，照样也可以选择忍耐或以退为进。我们的忍耐是他人无法攻破的城堡，爱地巴靠它赢得了财富，也赶走了怒火和烦恼。我们也应该做一个冷静的忍者，放下抱怨、怒火和冲动，即使不能用宽容赢得一个宽松的环境，但是至少可以把我们的精力用在真正需要的地方。抱怨、生气、争执、愤怒和冲动，不仅是无能的表现，而且会让事情越变越糟，甚至毁掉我们的一生。

5. 良好性格是成功的基石

好的性格是一个人成功的源泉，而性格中的缺陷往往是导致一个人失败的祸根。因性格而导致失败的人可谓不计其数。正所谓“成也性格，败也性格”。

一个人的行为受性格的影响，而人的行为又决定着他能否取得成功。性格可以帮助每个人找到真实的自己，从而理解自己的思想。

良好的性格是铸就成功的基石，它能够影响着你不断地超越自我，战胜困难；在挫折和失败面前能够激发你潜在的勇气，指挥着你勤奋思考，杜绝拖延，锐意进取，最终把你推向成功人生的巅峰。

有位美国记者采访晚年的摩根：“你认为是什么条件决定了你的成功？”

摩根毫不掩饰地说：“性格。”

记者又问：“资本与资金相比，你认为哪个更重要？”

老摩根斩钉截铁地说：“资本比资金重要，但最重要的还是性格。”

翻开摩根的奋斗史，我们会发现，无论是他成功地在欧洲发行美国公债，大搞钢铁托拉斯计划，还是冒着生命危险推行全国铁路联合，都是由于他具有刚毅和敢于冒险的性格。如果没有这一条，恐怕有再多的资本、再雄厚的资金，他也无法实施投资银行这一伟大的开创性事业。

性格对于摩根事业上的成功有着决定性的影响。这对于很多人来说，也都十分适用。美国曾经公布过一份权威调查，调查显示：美国此前20年政界和商界的成功人士的平均智商仅在中等，而情商却很高。

1995年5月，华盛顿大学的350名学生请来世界巨富沃伦·巴菲特和比尔·盖茨演讲。当学生们问到他们怎么变得如此富有时，巴菲特说：“这个问题的原因不在智商，而在于习惯、性格和气质等多方面的因素。”

盖茨也表示同意。他说：“我认为沃伦关于性格的话完全正确。”两位成功人士道出了自己成功的诀窍。

巴菲特和盖茨还指出：性格中还包含脾气和习惯。也许你无法在短时间内改变自己的性格，但是，你可以试着改变自己的脾气和习惯，因为它们影响着你的性格，你要让它们“辅佐”性格向成功的方向发展。

两位成功人士的演讲，使我们更深刻地认识到了性格对于一个人战胜自我、赢得成功的重要性。性格具有两面的效应，如果我们调节好自己的心态和习惯，让这种良好的性格指引我们不断前行，我们就能够向着成功的方向发展。相反，如果我们让坏性格占据了上风，那么失败就会主动地侵袭而来。

因此，当我们希望自己成功时，就应该摒弃自己性格中不好的因素，将性格中积极的因素发扬光大。只有掌握了自己的性格优势，才能主宰自己的命运，进而引导自己战胜困境，迈向成功。

6. 人生仅一次，怯懦难成事

怯懦通常是恐惧的伴侣，恐惧更进一步加强了怯懦。总是担惊受怕的人，常常会被各种各样的恐惧、忧虑包围着，看不到前面的路，更看不到前方的风景。

怯懦的人大多害怕困难，害怕挫折，害怕交际，往往表现得软弱无能、畏避退缩，做事缺乏勇气；在人际交往中，往往因自我封闭而产生不良的人际关系。

性格怯懦的人遇事容易退缩。他们不愿冒半点风险，遇到困难时会惊慌失措，不知如何是好，受到挫折则会无地自容。在处理具体事务时，他们过于谨小慎微，没有十分把握绝不冒险，遇到难题能避则避，没有自己的主见，喜欢按他人的意愿办事，害怕承担责任和受别人非议。

怯懦的人缺乏交往处世的主动性。他们在与人交往时，常常会不由自主地约束自己的言行，神态也会显得极不自然。在交谈时，怯懦的人常常无法充分表达自己的思想和感情，从而影响与人建立正常的关系。他们害怕压力与竞争。他们不习惯迎接挑战，因而常常害怕机遇；他们总是在机遇中看到忧患，而在真正的忧患中却又看不到机遇。

法国文学家蒙田说："谁害怕受苦，谁就已经因为害怕而在受苦了。"

怯懦性格的人往往意志薄弱、个性软弱。他们往往行动拘谨，容易逆来顺受和屈从他人。怯懦的人在对手面前，往往不善于坚持，而选择回避或屈服。怯懦的人并非不重视自己的自尊，但他们常常更愿意用屈辱来换回安宁。怯懦的人经常自怜、自卑，在他们心中没有生活的高贵之处。

性格怯懦的人，做事总是担心别人耻笑，担心自己要说的别人都懂，他们因为爱面子而不敢越雷池半步。怯懦的人常常会遭到嘲笑；而遭到嘲笑，则会让怯懦的人变得更加怯懦。

怯懦的性格有时候会被误认为是谦虚或是害羞，因此有时怯懦也会被当做一种优良的品德。正是这种品德，扼杀了很多好的想法、好的建议，也为怯懦者自己拒绝了无数好的机会。其实，你大可不必怕人笑话，更不能将好不容易涌现出来的构想埋没于心中。只有说出来，你才有机会表达自己的想法，才有机会表现自己，从而最终获得成功。

莎士比亚曾说过："这种踌躇和犹豫其实是对自己的背叛。当幸运之神来到眼前而不抓住，那是没有第二次机会的。如果遇事连试都不敢试，那么他一生都不会与幸运有缘。”

对于胆怯而又犹疑不决的人来说，一切都是不可能的。怯懦是性格的一大缺陷，但就如任何其他的病症或者缺陷一样，怯懦也是可以克服和治疗的。

大文豪萧伯纳小时候就曾经是个怯懦的人。有这样一段关于他的逸事：

在上学的时候，一次萧伯纳有事情要找校长谈。他来到校长室门前，想敲门进去，手刚刚举起又放了下来，犹豫了一阵，还是走了回去。但是，没走几步，他又折了回来，并在心中暗暗下决心：“这次一定要进去。”可是，真到举起手来的时候，他就又失去了勇气。就这样，他在校长室门前徘徊了三十多分钟，才鼓足勇气敲响了校长室的门。

后来，他下决心要从怯懦中走出来。他试着在众人面前讲话。开始他有些语无伦次，甚至会全身发抖；但是，慢慢地，他有意识地摆出一副自信的样子，不断延长自己的讲话时间，终于从怯懦中一步步走出来，成为具有坚定信念和充满自信力的人。

如果自己有怯懦的性格，或者性格中有一些怯懦的因素，可以从自身心态进行调整，在日常生活中多进行自我训练，就不难克服怯懦心理。有这样一些克服怯懦性格的方法：

（1）径直迎着对方走上前去。

（2）会见陌生人之前，先列一张话题单。

（3）与别人谈话时，盯住对方的鼻梁，让人感到你在正视他的眼睛。

（4）开口说话时，要尽量声音洪亮，结束时也要强而有力。

（5）与比自己强的人交往，同时还可观察强者的弱点和缺点，从而增强自己的信心。

7. 挣脱依赖，独立起来

依赖别人，意味着放弃对自我的主宰，这样往往不能形成自己独立的人格。喜欢依赖他人的人更容易失去自我，遇到问题时，自己没有主见，进而慢慢地丧失了做人的独立性。

1993年的“世界爱鸟日”，芬兰维多利亚国家公园放飞了一只在笼中关了5年的秃鹫。但是，令人意想不到的是，3天后，这只秃鹫却饿死在公园附近的小山上。

秃鹫，原本是一种凶悍的大鸟，生存本领极强，常捕食小动物。饥饿异常的秃鹫甚至敢与虎豹争食，然而这只鸟中之王却死于饥饿。动物学家分析原因，最后得出结论：原来几年来，这只秃鹫已经过惯了公园里“饭来张口”的舒适生活，渐渐丧失了在大自然中生存的斗志和能力。这只秃鹫，与其说死于饥饿，倒不如说死于依赖。

心理学家分析，依赖心理是一种消极的心理状态，它影响一个人独立人格的完善，制约人的自主性和创造力。

有依赖型性格的人，如果没有他人大量的建议，对日常事情就不能做出决策，并且总是希望别人为自己做决定。他们在生活上愿意他人为自己承担责任，甚至从事什么职业都由别人决定。他们把所有的希望都寄托在别人身上，遇到困难时，总是想获得别人的帮助。有依赖型性格的人一般没有深刻而复杂的思维活动，也没有远大的理想抱负和追求。他们满足于得过且过的生活现状，最终只会一事无成。

有依赖型性格的人独立行动能力很差，很难单独实施自己的计划或做自己的事。他们喜欢将自己的需求依附于别人，过分顺从别人，一切听任别人决定。他们常常会有无助感，总感到自己无能、笨拙、缺乏精力，同时还有被遗弃感。当依赖无法继续或者亲密关系终结时，他们会有被毁灭和被遗弃的感觉。

当然，依赖性格人人都有，也是可以慢慢地克服和纠正的。

(1) 摆脱习惯性依赖

依赖型性格的人的依赖行为，大多已经成为一种习惯。当依赖成为一种习惯时，对人心理的影响就会达到根深蒂固的地步。要想独立，必须首先改变这种不良习惯。

认真清理一下自己的行为中哪些是习惯性地依赖别人去做的，哪些是自己决定的。你可以每天做记录，将这些事情分为自主意识强、中等、较差三等，每周做一次小结。对照记录，针对自己的具体情况进行分析。对于自主意识强的事情，坚持以后遇到同类情况一定要自己来做；对于自主意识中等的事情，也要尽量提出自己的改进方法，并在以后的行动中逐步实施；对自主意识较差的事情，可以提高自我控制能力，提高自主意识。

(2) 增强自己的自信心

有依赖心理的人往往缺乏自信，自我意识低下。依赖性强的人往往没有主见，缺乏自信，所以只能居于从属地位。遇到事情总想依赖父母、朋友或权威解决。一个凡事总依赖别人、不愿自己动手去做的人是危险的。再强大的依靠也有消失的一天，一个人最大的靠山其实就是自己。

寻找自己的优点和长处，从自己最擅长、最容易做的工作入手，最容易激起自己对工作、学习和生活的信心。给自己一个肯定，给自己加油，增加自信心，相信自己可以自主处理事情，并把这种自信培养成一种习惯。

人都有依赖心理，只不过有些人依赖心理很强，而有些人依赖心理较弱。依赖和人的惰性是共存的。依赖性强的人就如依靠拐杖走路的不健康的人。只有甩掉拐杖，自己才能够站得稳，走得快。

每个人都有自己的人生，别人的帮助毕竟是有限的、一时的，只有通过自身的努力，才能走出属于自己的一路风景。惰性和依赖性，是成功路上最大的障碍。依赖他人只会让自己变得日益懦弱；而依靠自己，才会让自己变得更加强大。

8. 犹豫浪费机会，果敢更有机会

犹豫是一种不良的心理情绪。它的表现形式多种多样，包括极端的懒散状态和轻微的犹豫不决。生气、羞怯、忌妒、嫌恶等都会引起犹豫不决，使人无法按照自己的愿望进行活动。犹豫的人总希望自己能够作出正确的选择，却又被每一个选择可能带来的负面结果蒙蔽了眼睛，根本不知道自己想要什么，事情的结果又会是怎样，最终让机会在自己的徘徊中悄悄溜走。

犹豫不决者在面对重大选择时，总是会一再拖延，直至不得不决断的时候才仓促决定。他们唯恐今天决断了一件事，也许明天会错过更好的事情，以至于自己可能会对第一个决断产生懊丧情绪。

有这样一个寓言：一头驴子面前有两垛青草，欲吃这一垛青草时，却发现另一垛青草更嫩更有营养，于是跑到另一垛青草那里；在另一垛青草处，它又发现这一垛还不如那一垛好，于是又跑回去；等到跑回来却又发现，还是另一垛好……于是，驴子在两垛青草之间来回奔波，最终也没吃上一根青草，结果饿死了。

按理说，人类要比驴子聪明得多，不会犯驴子一样的错误。其实不然。很多时候，人类的选择甚至比驴子还要笨。

有一位父亲试图用金钱赎回在战争中被敌军俘虏的两个儿子，但他被告知，只能救回一个儿子，他必须选择救哪一个。这个慈爱而饱受折磨的父亲非常渴望救出自己的孩子，但是在这个紧要关头，他无法决定救哪一个孩子，牺牲哪一个。这样，他一直处于两难选择的巨大痛苦中。在他还没有做出最终决定的时候，他的两个儿子都被处决了。

歌德曾经说过，犹豫不决的人，永远找不到最好的答案，因为机会会在你犹豫的片刻溜走。

在一些必须做出决定的紧急时刻，不能因为条件不成熟而犹豫不决，应当机立断地做出一个决定。你可能成功，也可能失败；但如果犹豫不决，那结果就只剩下了失败。

许多人虽然在能力上出类拔萃，但却因为犹豫不决的性格，最终失掉良机而沦为平庸之辈。因此，我们必须改变犹豫不决的性格，即使处在混乱中，也必须果断地作出自己的选择。

优柔寡断、当断不断是成功的大敌。在很多情况下，许多人正是由于没有及时做出决定而错过了大好机会。

做人总会有进退两难的时候，就如站在人生的十字路口上，不知如何是好。这个时候，一定不要优柔寡断，而是要当机立断，迅速做出决定。因为，不能决断的时候，往往正是关系自己生死存亡的关键时刻，这个时候的优柔寡断，往往会让你遭受巨大的损失，甚至付出生命的代价。

一个樵夫上山砍柴，不慎跌下山崖。危急之际，他拉住了半山腰一根横出来的树干，但是崖壁光秃秃的，而且很高，根本爬不回去，下面则是崖谷。

真是上天无路、入地无门，樵夫不知如何是好。正在这时候，一位老僧路过这里，对他说道："施主，我现在可以指点你一条生路，但是，你必须听我的安排。"

樵夫赶快答应道："好的，好的，你赶快说吧。"

僧人说道："你现在放开你的两只手。"

"放手？不行啊师傅，下面是崖谷，我跳下去会摔死的。我还是等等，看有没有人能救我吧。"

僧人哈哈大笑："这位施主，既然不能上，那就只有往下跳了，跳下去不一定能活。但是，你这样吊着等人来救，别说没有人来，恐怕有人能救你的时候，你已经死了。"

樵夫觉得有理，索性横下心来，眼睛一闭松开两手——结果竟奇迹般地掉在了山脚的草丛里，很快被闻讯赶来的山民救起，保住了一条性命。

优柔寡断是成功的敌人，在它还没有伤害到你、破坏你的力量之前，你就要先把这一敌人置于死地，培养一种胆大心细、雷厉风行的行事风格。

要想把握生命中的幸福，把握住每一次成功的机会，就要果断决定，凡事要当断则断。其实，很多时候，你想思考周全，防止纰漏，结果却往往事与愿违。要知道，生活中原本需要非常谨慎的事并不太多，就算是真正的大事，也很难找到万全之策。一再犹豫不会使事情自动向好的方向发展，不如抓住机会果敢行事，或许还会取得意想不到的成功。

9. 舍弃不是无能而是智慧

贪图无所不能，只能一无所能；试图无所不知，只能一无所知；企图无所不有，只能一无所有。少则得，多则惑。同时追几只兔子，往往连一只也追不到。古今中外，概莫能外。

在工作和生活中，必要的放弃不是失败，是智慧；必要的放弃不是削减，是升华。

不懂得放弃的人，内心其实是存有一种错误的贪婪思维方式——我全都要！结果往往事与愿违。

我们都有这样吃水果的经历：

有时候水果买多了，有时候自己刚买了，朋友又拿来一些，有时候单位一下发了一大筐。水果多了，不可能一下吃完，这时候家里人的意见就会有分歧，孩子们多半会挑好的吃，年纪越大的人越是先拣不好的吃。结果往往是很多人从头到尾就没有吃到一个好水果。

这也许有多年物质匮乏造成的后遗症的原因，但从思想意识上来说，这并不是一种节俭的行为，而是一种贪婪和奢望。人们希望能够把全部水果都享受到肚子里，而有意无意地忽略了客观条件的制约，也就是说，想全部占有而不愿有任何放弃。

这些小问题实质上反映了一种常见的错误的思维方式：在种种客观条件的制约下不懂得放弃的人是很难获得成功的。正如阿里巴巴的创始人马云所说的，“一个优秀的CEO要如何懂得对机会说‘不’”。其实也就是要懂得如何取舍。

爱因斯坦是一个很懂得放弃的人。在20世纪50年代，他收到以色列当局的一封信，信中诚恳地请他去担任以色列总统。在一般人看来，爱因斯坦若能当上犹太人的总统，自然是无上光荣的幸事。但出乎人们意料的是，他竟然非常明确地拒绝了以色列当局的重托与厚望。他说：“我整个一生都在同客观物质打交道，既缺乏胜任总统的才智也缺乏处理行政事务以及公正地对待别人的经验。所以，本人不适合承担如此的高官重任。”假如爱因斯坦当时没有拒绝，那么世界上也许就多了一个不胜任的总统，少了一个第一流的科学家。推而广之，一个政治家不可能做好改革的每一个细节，一个科学家不可能精通科学的每一个领域，一个企业家不可能占领工业的每一个阵地，一个旅游家不可能走遍世界的每一个乡村，一个文学家也不可能写好所有种类的作品……

知道自己能够做些什么，说明自己在成长；知道自己不能够做些什么，说明自己在成熟。成功不只是要善于抓住机会，而且还要善于放弃诱惑。有所放弃，才能有所收获。一个人要想有所作为，就要毅然决然地放弃一切不适合自己的目标、计划和行动。

在工作和生活中，必要的放弃不是失败，是智慧；必要的放弃不是削减，是升华。日本著名的经营学家仓定先生在他的《社长论》中如此论述：“产品慢慢上了年纪，销售额的增长渐渐变得困难了，效益也日益低下。这个产品成了造成企业业绩恶化的罪魁祸首。是否放弃这个产品，对企业业绩的好坏影响极大。但是通常很难作出放弃它的决定，因为它曾经是我们公司的龙头产品。这个道理很简单，过于平凡了，但却难以实施。‘割爱’之难，在现实生活中是难以想象的。但是我们必须明白，舍弃本身才是革新的第一步。”

经济学上有一个很通俗的理论：二八原理。在一个群体中，最重要的是20％的这一部分。如，80％的财富集中在20％的人手中，80％的利润来自20％的产品或顾客等。这些关键的20％用现在流行的话语讲就是一个“核心竞争力”的概念。所以，不管你的工作是什么，你的首要目标应是那些最好的水果，只有它们才能给你带来最大的收益。那些烂水果，不吃也罢。

同样的道理，在我们的职业生涯中，我们一定要抓住自己关键的20％。贪多求全，面面俱到，不及时放弃，最终也许只能吃到一堆烂水果。

10. 量力而行，不做不可为之事

“不想当将军的士兵不是好士兵”。多少年来，拿破仑的这句名言影响了无数人，也成就了许多人。为了成功，即使付出再大的代价，人们也在所不惜。然而谁都无法否认，成功并不具备普遍性。

想成为比尔·盖茨无疑是好事，然而想成为比尔·盖茨绝不等于能成为比尔·盖茨。何况更多的时候，人们总是把远大理想和欲望膨胀混为一谈。尤其是在如今这个更民主、更自由，充满了更多机遇的时代，面对满树的红苹果，没有人不跃跃欲试，没有人不想把它们一一收入囊中。随之而来的，自然是或欣喜，或抱怨，或抑郁，或失常，或崩溃……所以哲人告诉我们：只摘够得着的苹果。

张跃是某培训公司的著名讲师。一次演讲中，他讲了自己少年时代的一段经历：

我的小学老师是一位民办教师，当时月工资只有几十元，为补贴家用，老师和师母在自留地里种了数十棵果树，有桃树、梨树、苹果树、柿子树等，从农历五月直到十月初，老师的果园里各种果子不断。但是师母体弱多病，因此每到摘果子的时候，老师就会找几个同学去帮忙，因为我离老师家比较近，所以经常去帮忙，当然也没少吃各种水果。

有一年秋天，到了苹果收获的季节，老师又来找我和几个同学去帮忙。当时收苹果的商贩正在一边等着。因此一个同学提议说，咱们搞个摘苹果竞赛吧，看谁摘得多。几个人一听也很兴奋，老师说一人先包一棵树，到时候谁摘得最多奖励谁两个大苹果，其余的人奖1个，并罚他讲个笑话。

大家想都没想就答应下来，然后迅速选定目标，忙活起来。一开始，大家不分高低。直到低处的苹果摘完后，我才发现我落后了，因为我比较矮小，自然摘不到高处的苹果。突然脑筋一转，我虽然矮，但是也比他们灵活呀。于是我三下两下攀到了树上，一会儿工夫就比他们摘得多了。

我一边往更高处爬去，一边想大奖非我莫属了。突然咔嚓一声，我随着一根树枝重重地跌到了地上，幸运的是毫发无伤。老师和同学们赶紧跑过来，问我摔伤没有。我甩开他们的手说，没事，我继续比赛，一定要得第一，说完又要往树上爬。

但老师却坚决不允许我再上树了，而且把同学们都叫过来，叮嘱道："有些苹果，比如最高处的那些，不用你们去摘，到时候我搬个梯子来。大家只要摘够得到的就行了。"

张跃总结道："多年以后，在我的理想一次又一次被现实击倒，在我的雄心一次又一次以无奈而告终的同时，我也反复地咀嚼过老师当初的话，原来老师就是哲人。另一方面，虽然现在的我仍然有理想、有目标、有追求，但是相比以前我变得理智多了，也成熟多了。我知道，只有去珍惜，获取那些够得着的'苹果'，生活才不会频频让人失望。更何况那些现在不能摘到的'苹果'，并非永远不属于我们。"

我们来看一个外国人的例子。

德国柏林爱乐乐团素有"世界第一交响乐团"之美誉。能够成为柏林爱乐乐团的首席指挥，是每个指挥家的最高梦想。然而在1992年，当柏林爱乐乐团邀请英国著名指挥家西蒙·拉特尔担任乐团首席指挥时，拉特尔却出人意料地拒绝了。他说："柏林爱乐乐团以演奏古典音乐闻名于世，但我对古典音乐的理解还不够透彻，如果我担任首席指挥，恐怕非但不能带领乐团迈上一个新台阶，反而会起到负面作用。机会虽然好，但是我没有能力去把握，还是放弃为好。"

不过，这绝不意味着拉特尔不想担任乐团首席指挥一职。在谢绝邀请后，他付出了十年如一日的不懈努力，直到他对古典音乐的透彻理解震撼了世人，直到他对古典音乐的精湛指挥一次又一次令听众倾倒，直到2002年柏林爱乐乐团再次向他抛出了橄榄枝。这一次，拉特尔没有丝毫犹豫，当即接受了邀请。因为他知道，现在的他已经具备了担任首席指挥的实力。事实证明，拉特尔加盟后，柏林爱乐乐团创造了演奏史上一个又一个奇迹。

拉特尔的放弃是一种务实，更是一种明智之举。他的放弃，恰到好处地为我们诠释了“放弃是为了更好地得到”的哲理。只有暂时放弃，才能超脱自己，给自己激励，腾出空间和时间去接纳或学习其他更多、更好的东西，最终取得更大的成功。所以，当你还没有实力去采摘那些高处的苹果时，无论你多么希望得到它，多么需要得到它，只要客观条件不成熟，那么就必须暂时放弃，然后通过务实的途径，去追求事物的本质。等你长高了，你自然会摘到更多的苹果。

11. 攀比的只是炫耀心而不是幸福感

做人必须要正确掂量自己的分量，给自己一个恰如其分的定位。如果看不到这一点，一味地盲目与别人攀比，就会对自己产生错觉，从而做出傻事，最终搬起石头砸自己的脚。

《牛津格言》中说：“如果我们仅仅想获得幸福，那很容易实现。但我们希望比别人更幸福，就会感到很难实现，因为我们对于别人的幸福的想象总是超过实际情形。”

的确如此。生活中，有很多人总是在哀叹自己的不幸，却对他人的成绩羡慕不已。他们总是在抱怨：

——小林都涨工资了，我却还在原地踏步，到哪儿说理去呢？

——老高买新房子了，他和我一起进的公司，看看人家，再看看自己，唉……

——人家的孩子怎么就那么争气呢？看看自己的孩子，真是没办法……

实际上，事情完全不像他想的那样：小林根本就没涨工资，只不过是他爱面子吹牛罢了；老高买的新房子全靠贷款，刚刚买完房子就后悔得直想跳楼；而他自己的孩子也不见得真的不争气。

事实归事实，现实归现实。类似的慨叹和抱怨，相信很多人都曾经有过。看着别人有钱，忌妒；看着别人有权，诅咒；看着别人有闲，羡慕；看着别人晋升，委屈……还有些人羡慕影星、歌星、运动明星，看到他们整天地被包围在鲜花和掌声之中，就垂涎三尺，认为痛苦与他们无缘。

其实，人生失意无南北，名人自有名人的烦恼。是种种扭曲的心理，直接催生了盲目攀比的心理。就像漫画大师朱德庸说的那样："我相信，人和动物是一样的，每个人都有自己的天赋，比如老虎有锋利的牙齿，兔子有高超的奔跑、弹跳能力，所以它们能在大自然中生存下来。人们都希望成为老虎，但其中有很多人只能是兔子。我们为什么放着很优秀的兔子不当，而一定要当很烂的老虎呢？"

当然，世界少不了攀比，而且从一定的意义上说，攀比还是人类进步的侧面动力。一个人要想在社会上确定自己的位置，并不断超越自我，必须选定一个参照物。但是，我们提倡的是理性的比较，而不是盲目的比较。我们可以不知足，但是不能盲目攀比。否则就会失去自我和特色，到头来只能是徒增烦恼。

星期一早晨，万方公司的销售经理黄威突然向总经理提出辞职。鉴于黄威才华出众、业绩超群，总经理对他多方挽留，不但主动给他增加薪水，还承诺在短期内给他晋升职务。原本想跳槽的黄威最终打消了念头，留下来继续为公司服务。

这个消息很快传到了人事经理吕东风的耳朵里。吕东风想，我也是个不可或缺的部门经理，不如向黄威学习，总经理肯定也会给我升职加薪。

经过准备，吕东风走进了总经理办公室，表示自己也想辞职。不料总经理非常爽快地答应了，毫不犹豫地对他说："那好吧。既然你去意已决，我也不好强人所难。祝你前程似锦。噢，对了，请你尽快补交一份辞呈给我。"

原来，吕东风一向表现平平、业绩不佳，好在他比较老实、听话，总经理虽然对他早有意见，但是一时间还真找不到适当的机会。这次他主动送上门来，总经理正好顺水推舟。

故事中的吕东风弄巧成拙，不但没有像黄威那样得到升职加薪的优厚待遇，反而连原有职位也丢掉了。之所以落得如此下场，完全是因为他的盲目攀比之心。所以，人必须正确掂量自己的分量，给自己一个恰如其分的定位。如果看不到这一点，一味地盲目与别人攀比，就会对自己产生错觉，从而做出傻事，最终搬起石头砸自己的脚。

有句俗语说："人比人，气死人。"事实上，与人相比、与人竞争都不要紧，也很正常；只有看到自己的短处，才有可能尽快弥补，不断进步。那些因为人比人而被气死的人，往往是因为他们自身性格和心理上的缺陷，导致了他们无可救药的自卑，即使他们已经非常优秀。

比如《三国演义》中感慨"既生瑜，何生亮"的周瑜，比如童话故事中每日反复叫着"魔镜魔镜谁最美丽"的王后。很多人就是这样，总是习惯于拿别人的长处来和自己的短处作比较，和别人比自己没有的东西。这样的人，其幸福指数自然比不上那些想得开、吃得饱、睡得香的"没心没肺"的人。

所以，人应该学会正视自己，学会自我开释。只要退一步想，你就会发现，生活中的很多事情其实并不需要太在意。真正需要我们在意的，是怎么才能及早去除盲目攀比、自我折磨的扭曲心理。

第六章

处处行事积极，借口销声匿迹

正如一句话说的：你的心态决定你的成败。不管是在工作中还是生活中，只要把自己的心态摆正了、摆好了，用积极的心态去迎接每一件事情，那么一定能取得你想要的好结果、好人生。如此一来，收获足以证明自己，再也用不着以借口掩饰什么了。

1. 生活需要力量，激情尽情释放

说到激情，很多人立即会联想到那些激情澎湃的艺术家，或者那些坠入爱河不能自拔的恋人们。其实，激情更广泛地存在于那些成功者身上。

就像某著名企业家所说的那样："激情是一种可以融化一切的力量，是一种不断鞭策和激励我们向前奋进的动力。一个人没有能力、经验和资金都不可怕，我们可以去学习、奋斗、寻找和积累；而没有了激情，就将一事无成。"可见，激情是造就所有伟大成就的必备要素。

那么，拥有激情就一定能够成功吗？一个无可回避的现实就是很多人并不缺乏激情，但是很多人却无缘成功。原因出在哪里？抛开天灾人祸等不可抗力因素不谈，最主要的原因就是激情不够，也即人们通常说的"三分钟热度"。那么，又是什么力量在成功沸腾之前撤去了你的激情之心呢？

生活中，我们经常可以听到这样的抱怨：

工作乏味，没劲；

工作环境不好，压力太大；

报酬太低，没有前途；

上司脾气不好，同事关系难处，下属桀骜不驯；

老板任人唯亲、打击报复，光知道让人干活不知道给钱……

与此同时，还会听到这样的议论：

激情？不就是三分钟的热情吗？可以，明天就激情。这样的工作值得我付出激情吗？这样的老板、这样的报酬，凭什么要我有激情？要我有激情？重赏之下才有激情。你重赏了吗？我才不管呢，那是管理者的事情……接下来，我们就看到了这样的现象：同一起点的人，几年之后境遇却大相径庭，有的变得游戏人生、玩世不恭，“做一天和尚撞一天钟”，甚至连生存都成了问题；有的人却在职场崭露头角，频频晋升，甚至开创了自己的事业，前途一片光明。

毫无疑问，是抱怨偷走了你应有的激情，让你远离了成功。都说岁月如刀，刀刀催人老，但是在慨叹青春流逝而与成功无缘的同时，你是否想过，与其伤逝那些永远都无法挽回的记忆，与其留恋那些已经逝去的本该充满热情、激情似火的年代，我们是不是更应该面对现实，及早拿出我们的激情？难道我们还有理由再浪费这仅剩的一点资本吗？

所以，赶紧放弃抱怨，从麻木不仁中奋起吧！赶紧重燃激情之火去点亮你的未来吧！有了它，你将精神抖擞、充满活力，任何磨难、任何打击、任何人都不能阻挡你。美国著名棒球运动员杰克·沃特曼，就是凭借着激情创造了一个又一个奇迹。

有一次，面对一位记者的提问，杰克这样回答道：“刚刚退伍我便加入了职业棒球队，但是不久我遭到了有生以来最大的打击——我被开除了。球队经理说我的动作无力，要我走人，他说：‘你一天到晚慢吞吞的，一点都不像在球场上混了20多年的人。杰克，离开这里之后，无论你到哪里，做任何事，如果不提起精神来，你永远不会有出路。’

“我牢记着他的话。离开时我的月薪是175美元，离开后我加入了亚特兰大队，月薪降到了25美元。薪水这么少，我做起事来当然没有激情，但我告诫自己，一定要努力。大约10天以后，一位老队员把我介绍到了得克萨斯队。在抵达球队的第一天，我的人生开始了重大的转变——我想成为得克萨斯最具激情的球员，并且我做到了。

“我一上场，就好像全身带电一样。我强力地击出高球，令对方双手都麻木了。当时气温高达华氏100度，我在球场上跑来跑去，极有可能中暑，但是我的球技却出乎意料的好。而且由于我的激情，队友们也都兴奋起来。

“第二天早晨，我读到了当地的报纸，报道让我非常兴奋。报纸上说：‘那位新加入的球员，无疑是一个霹雳球手，全队的其他人都受了他的影响，充满了活力。他们不但赢了，而且打了本赛季最精彩的一场比赛。’

“也由于我的激情，我的月薪一下子由25美元提高到185美元，在后来的2年时间里，我一直担任三垒手，薪水加到了750美元。你问我这是为什么，就是因为我有激情，没有任何别的原因。”

其实，用激情创造奇迹的又岂止杰克·沃特曼一人，历史上许多巨变和奇迹，不论是社会、经济、哲学或是艺术，都是因为参与者100%的激情才得以进行，得以实现，得以成功。乔·吉拉德之所以能成为最伟大的推销员，就在于他把激情融入了工作，融入了每一天。所以，从现在开始，对你的工作或事业倾注全部热情吧。拿出100%的激情来对待它，它必然会100%地回报你。那时你会发现，原来谁都可以充满激情，原来谁都可以拥抱成功。

2. 你的态度决定你的高度

可以说，态度是衡量一个人能否获得成功的重要标准。如果一个企业员工连最基本的热爱本职工作、积极主动、有责任心、干事不拖拉的工作态度都不具备的话，他又怎么能对本职工作尽职尽责呢？也就更加不用说能取得多大的成功了。

正如一句话所说，你的心态决定你的成败。不管是在工作中还是生活中，只要把自己的心态摆正了、摆好了，用积极的心态去做每一件事，那么一定能取得你想要的好结果、好人生。

有一个成功女企业家曾这样说："现在员工的工作态度比我们以前差多了。那时我们不管做什么工作，不管是不是本职的事，都会积极主动地去做，也会尽力去把它做到最好。"

也许她的这些话多少有些偏激，毕竟随着时代的发展，对员工的要求可能不一样，然而这些话却在一定程度上反映了她对工作的态度。可以说，良好的工作态度是每个行业道德的基本要求，同时也是个人取得成功的基本要求。假如一个人连他自己所从事的本职工作都不热爱，那么他就不可能敬业，更不会自觉地去钻研业务。这样，他的工作质量和效率也就不可能有质的提升，所以也就更不用说什么成功了。

在这里需要强调的是，对于那些人们比较喜欢的、条件好、待遇高、专业性强又很轻松的工作，要求做到爱岗敬业相对来说比较容易；但假如是因为工作的需要，把一个人放在那些工作环境恶劣、工作单调、待遇低、重复性大，甚至还有一定危险性的工作岗位上，要做到爱岗敬业那就不容易了。其实越是在这种情况下，那些热爱这些岗位并能在岗位上认真工作劳动的人就越是企业真正最需要的人。

小丽大学毕业后，应聘到一家公司。刚开始的时候她每天的工作就是拆应聘信、翻译，翻译、拆应聘信，可以说是量大枯燥，索然无味。但她却忙得不亦乐乎。她不急不躁，每天认真仔细地工作着。一年后，小丽被提升为人事部经理。领导在她的升迁理由中这样写道："小丽作为一个名牌大学毕业的硕士生，每天千篇一律地拆信，并在数十封信中，不厌其烦地整理出有价值的信，推荐给上司，这表明了她积极的工作态度。"总经理认为，她能够尽职尽责，干一行爱一行，自己岗位上的每一件事情都办得非常出色，企业需要的就是这样的放到每个地方都能发光的人。因此，她理所应当是这一批应聘者当中的第一位升迁者。

"态度决定一切。"米卢的这句名言被许多企业的人力资源经理反复引用。他们觉得，一个人的态度是否端正，通常决定了他能发挥出多大的专业水平，创造多大的业绩，也决定了他将来成功的高度。

北京某猎头公司副总监李群认为，企业用人并不太看重学历，而是取决于他展示出来的能力和水平。许多人在职场发展比较慢，并不是他们没有能力，主要是因为他们心态不够好。应该说，良好的职场心态一要有职业人的心态，一定要投入地把每一件负责的事情做得专业、完美、不偷懒、不应付了事；二是要有公民意识，即作为公司一分子的责任感；三是有视批评为馈赠的良好心态，工作中难免会遇到批评、指责，但如果能首先检讨自己的责任，然后再找出其中的原因，在职场上进步肯定会更快。

有这样一个例子：有一次李嘉诚在回他办公室的途中，发现一枚1元硬币从眼前闪过，滚到了车子下面。李嘉诚下了车，准备去捡那枚硬币。然而就在他弯腰要捡的时候，一个门卫提前把那枚硬币捡了起来，并交给了李嘉诚。李嘉诚拿过硬币，马上从口袋里拿出100元钞票奖励给这个门卫。人们感到很奇怪，别人只是帮他捡1元钱，他却给了对方100元。李嘉诚说，这1元硬币，如果不把它捡起来，它可能掉到水沟里面，这个社会财富就会流失掉，不能让人们把已经创造出来的财富和价值流失掉。那个门卫不仅知道珍惜财富，还懂得帮助别人，这是一种积极的心态，应该奖励。

的确，人的很多决定和行为取决于人的心态。而现在有很多员工(特别是年轻的)都有一种“净赚薪水”的心态。他们觉得“你给几分钱，我就出几分力”是理所当然的。产生这种心态主要是因为他们涉世未深，没能看到自己和公司的长远未来，所以才用金钱来衡量自己的工作价值。

那么，我们如何才能养成一个良好的心态而获得成功呢？主要有四个方面。

第一个心态：做企业的主人

什么叫做主人的心态？不管老板在不在，不管领导在不在，不管公司遇到什么样的困难，你都愿意去全力以赴，愿意帮助公司去创造更多财富，这就是做主人的心态。

什么叫做仆人的心态？就是把自己当成企业的仆人，是在为别人而工作。

第二个心态：对事业的热忱

这是一个成功者所应具备的非常重要的一种特质。因为人和人之间的影响和带动是非常重要的，特别是销售行业，它是信息的传递和情绪的转移。如果一个销售人员把对产品和销售的极大热忱，完全地传递给了顾客，顾客可能就会采取投资购买行为。如果一个领导者，把对工作的极大热忱，复制给了周围的人，他们就会跟随着他。这就是一种群体效应。

第三个心态：对待事情的意愿和决心

可以说，世界上没有能与不能的问题，只有要与不要的问题。也许你能得到你一定要的东西，但你未必能得到你一定能的东西。做任何事情，想要成功的话，永远只有五个字，就是：我要，我愿意。现实中大多数人只是想要结果，不愿意去努力。甚至有相当多的人会选择找借口来度过自己的人生，而不是去找方法。

我太年轻了，所以我无法成功；我太老了，所以我无法成功；我是女人，所以我无法成功；我学历不高，所以我无法成功；我学历太高了，思想性太强，同事们理解不了我的想法，没有办法成功……这些都是人们给自己找的借口，你来分析一下，这些借口站得住脚吗？

所有这些借口可能都是事实，但是借口能不能帮你成功，能不能帮你得到你想要的结果，这才是需要你认真思考的一件事情。

第四个心态：要有自我负责的精神

人生最美好的结果，是由所下的最正确的决定开始，而最正确的决定又开始于最正确的思想。所以，你要对一件事情的结果负责，最重要的是，你首先要对你的思想和态度负责，因为思想不同，态度不一样，下的决定也不一样。如果你不肯为你独有的人生负责任，那你就任由别人来摆布吧。

3. 积极态度就是竞争优势

既然我们没有更多更明显的优势，那么积极的做人处世态度就是我们最大的资本和优势，就是竞争力。我们要比别人多投入一些，更积极一些，再耐心一些。在这个基础上，我们终将会走向成功。

无论做什么样的职业，要想成功，都会有一个共同的要求：积极的工作态度和一流的敬业精神。

海尔集团总裁张瑞敏曾说过这样一番话："如果让一个日本人每天擦六遍桌子，他一定会始终如一地做下去；而如果是一个中国人，一开始他会按要求擦六遍，慢慢地他就会觉得五遍、四遍也可以，最后索性不擦了。中国人做事的最大毛病是做事不认真、不到位。每天工作欠缺一点，天长日久就成为落后的顽症。"

有一次，希望集团总裁刘永行访问韩国，被安排去一家面粉企业参观。然而就是这次普通的参观，给了他很深的刺激，回国后好几个晚上都难以入眠。

这家面粉厂属于西杰集团，每天处理小麦的能力是1500吨，却只有66名雇员。一个只有几十名员工的小厂，其工作效率之高令刘永行惊叹不已。在中国，相同规模的企业一般日生产能力只有几百吨，但员工人数却高达上百人。希望集团的效率相对高于国内同行业标准，250吨日处理能力的工厂也有七八十名员工，日生产能力却仅有韩国工厂的1/6。

为了弄清楚其中的奥秘，刘永行与这家工厂的管理层进行了深入的交谈，了解到他们也在中国投资办过厂，地址在内蒙古的乌兰浩特。当时的日处理能力为250吨，员工人数却高达155人。同样的投资人，设在中国的工厂与韩国本土生产效率居然相差10倍之遥，效益自然也就不会太理想。磨合了一段时间，觉得没有改善的可能性，他们就将工厂关闭了。

两家工厂的效率为什么有如此大的差距呢？是设备的先进程度不同？不是。相反，韩国本土工厂是20世纪80年代投入生产的，而内蒙古的合资厂却是在90年代建起来的，设备比原厂还先进。是管理方法的问题？也不是。工厂的主要管理层基本上都是韩国人。恰好，刘永行遇到了那位曾在内蒙古负责的韩国厂长。

怀着极大的好奇心，刘永行特意请教这位厂长："为什么同样的设备、同样的管理，设在中国的工厂却需要雇用那么多人呢？"

那位厂长回答得很含蓄："也许是中国人做事不到位吧。"而正是这么一句轻描淡写的话，却让刘永行回国后彻夜难眠。他知道，当着一群中国企业家的面，那位厂长的话已经是十分客气了。在这句平淡的话背后，一定有许许多多不为人知的管理问题。

仔细想一想，与韩国人相比，中国人做事的态度无疑存在很大的差距。韩国人做事总是手脚不停，无论是工人还是管理人员，手头的工作做完了，就一定安排别的事做。他们是一专多能。比如说一个厂长，如果他觉得自己的岗位比较空闲，就会做其他一些事情，以节省人力。而在中国大部分企业中，则存在许多把自己的事情做得差不多就够了的想法，所以我们的效率就低了。

来自哈佛大学的一个研究发现：一个人的成功，85%取决于他的态度，而只有15%取决于他的智力和所知道的事实与数字。

既然我们没有更多更明显的优势，那么积极的人生态度和做事的态度就是我们最大的资本和优势，就是竞争力。多投入一些，更积极一些，再耐心一些，在这个基础上，我们终将会走向成功。人们常常抱怨自己的薪水太低，感叹中国企业无法跨入世界顶级行列，希望中国经济更加强大，但却很少意识到，差之毫厘，谬以千里，这巨大的距离正是由于我们每个人的一点点差距造成的。

任何一个公司都需要把事情做到位的员工。能够做好自己的工作，是成功的第一要素。各行各业，人类活动的每一个领域，无不在呼唤能自主做好手中工作的员工。齐格勒说："如果你能够尽到自己的本分，尽力完成自己应该做的事情，那么总有一天，你能够随心所欲从事自己想要做的事情。"反之，如果你凡事得过且过，从不努力把自己的工作做好，那么你永远无法达到成功的顶峰。

4. 成功需要的是行动而不是借口

很多人之所以不成功，是因为常常将想法停留在嘴上、理论上。成功在于行动。其哲学理念是：口说不如身行，生气不如争气，妒他不如学他，认命不如拼命。

汤姆·彼得斯在他的新书《重新想象》中充满激情地呼吁："行动起来，登上历史舞台，做个活跃的表演家。"找借口只能让自己更加愚鲁，要知道除了行动外别无选择。

取得任何的成功都源于一个意念，当你的心中产生一个意念时，就要精心呵护，使其得以慢慢成长，并将它变为实现。

作为新世纪的青年人，当你有了一个理想之后，要在现实与理想之间建造一座桥梁。这个桥梁就是实现理想的行动步骤，把你的伟大理想，分解成几个较小的目标，然后逐个去实现这几个小的目标。当你策划好一个完美无缺的计划后，行动就成为实现理想的关键。要实现理想，你必须有良好的执行力，能够切实把你的思想变成现实。

其次，执行力也是需要培养和锻炼的。有了想法就要去实践，不要让它在你的头脑中发霉。要增强自己的执行力，有一个好的方法。你在自己的潜意识里，建立一个自我发动警句："马上行动。"当你想做一件事的时候，就从潜意识里调出这一警句，激励自己并随之行动。

世界第一名潜能大师安东尼·罗宾曾说："人生伟业的建立，不在于能知，而在于能行。"由此可见，即使你知道怎样做就能考取北京大学，但是你不付诸行动，也考不上名牌大学。你明明知道自己如果不改正诸如自私、懒惰、草率之类的毛病，就不能取得更大进步，但是你不马上行动起来，你还能前进吗？总之，即便你知道成功的秘诀，若不采取行动，根本就不可能成功。人生只回报行动，而不是意图、言论、梦想。

成功需要有行动，并非借口就能敷衍了事的。拥有梦想的人们，一旦付诸行动，就会排除万难，排除干扰。因为他们坚信，没有失败只有放弃，只要坚持就会成功。

成功是一个过程。成功属于拥有梦想的人，属于善于抓住机会的人，属于敢于突破、敢于超越的人，属于付诸行动的人。而那些为一些小事处处找借口的人们，会永远被成功所抛弃。

5. 行动起来才有杀伤力

在寻求财富时，千万不要允许自己行动迟钝或害怕做出决策。为了使你今后的事业能够获得前所未有的成功，你必须克服优柔寡断的毛病，到处找借口的坏毛病。要知道，金钱只会流向果断的决策者及行动者，绝不会流向软弱者和寻找借口者。

在做某件事的时候，不要恐惧做出决策。你只有做出决策，才会有开始和结束。如果你做出了一个错误决策，那么你要听得劝解，及时作出纠正，以免误入歧途。一定不要忘记，一旦你做出了一个决策，即使是一个错误的决策，你也是处在通向你成功的道路上的，而这只是一个成功前的失败罢了。错误的决策可以被纠正；而永远不做决策的最终结果就只会导致沮丧。

如果你迈出了第一步，那你就成功了一半。即使第一步失败了，那也是将来成功的垫脚石。

即使你具备了知识、技巧、能力、良好的态度与成功的方法，比其他人懂得还要多，如果你不付出行动的话，可以肯定的是你是不可能成功的。一百个知识抵不上一个行动。

也许你终于行动了，可还是不一定会成功，因为你太慢了。在21世纪，行动慢，等于没有行动。你只有很快地行动，马上去做，比你的竞争对手更早一步知道、做到，你才能有成功的可能性。

21世纪是信息时代，信息的传递，使得整个地球上的国家就如同天涯比邻，远在天边发生的事情当天就能知晓。

不管在什么时候、什么地方，你都可以轻易得到任何你所需要的知识与信息。你也会知道昨天晚上是否有一些你所不知道的信息被你的竞争对手掌握了。或许对现在的年轻人来说，可以很容易地知道许多人成功的经验。就像你现在看的这本书一样，在未来，他们都可能会成为你的竞争对手。

由此我们不难看出，一定要掌握时间，马上行动。只有这样才能助你一臂之力，打败竞争对手，并克服找借口的坏习惯。总而言之，助你成功可用两个词语来表示，一是行动，二是速度。做事拖延往往是导致失败的主要原因，失败者的最大的特点是犹豫不决，这些人时时都在思考、在分析、在判断，就是迟迟下不了决定，总是优柔寡断。好不容易做了决定，又不停地更改，自己想要的是什么也不清楚，抓怕死，放怕飞。

最终决定要实施了，他们的第一件事就是磨蹭，不行动，同时还对自己说："明天再说"，"以后再说"，"下次再做"。这样的人怎么可能成功呢？拖延与犹豫是失败的原因，行动与速度是取得胜利的关键。

人的一生短短几十年，在前行的旅途上，与其为不可能会实现的事情操尽心思，不如把手边的每一个机会牢牢地抓住。为明日做准备的最好办法，就是将你所有的智慧，所有的热诚都集中起来，把今天的工作做得尽善尽美，这就是你能应付未来的唯一方法。在这个现实的社会里，最可悲的一件事是世上的所有人都拖延着不去生活，每个人都梦想着天边的一座美丽的玫瑰园，而不去欣赏今天开放在各自窗前的蔷薇。

今天就是一个崭新的开始，此刻就是崭新的一刻，别为以前的悲伤事、内疚事、郁闷事而影响生活、工作和学习，同时也不要总去担忧未来。应付未来的唯一方法就是做好此刻的工作，尽可能地让今天过得尽善尽美。

在日常生活中，大多数人都有借拖延之口的习惯，很可能因此而“赶不上火车”、“上班迟到”，甚至是错过人生最重要的时刻。因此，提醒广大朋友们，凡事只要想到就要做到。如果你在梦想产生时没有立刻去做，可能会因为一再犹豫、无行而终。一定要记住：立刻去做。

6. 主动出击让你脱颖而出

当谁都认为工作只需要按部就班做下去的时候，偏偏有一些人，会去主动寻找更有效的方法，将问题解决得更好！同时也正因为他们善于主动地寻找方法，所以他们也常常最容易得到认可，最容易获得成功！

不管是在古代还是现代，国内还是国外，主动寻求方法解决问题的人都会像金子一样光芒四射。哪怕他没有刻意去追求机会，机会也会主动找上门来。

福特汽车公司是美国创立最早、最大的汽车公司之一。1956年，该公司推出了一款新车。尽管这款汽车式样、功能都很好，价钱也不贵，但奇怪的是销路平平，和当初设想的情况完全相反。

公司的管理人员急得就像热锅上的蚂蚁，绞尽脑汁也找不到让产品畅销的方法。这时，在福特汽车公司里，有一位刚刚毕业的大学生，对这个问题产生了浓厚的兴趣。他就是艾柯卡。

当时艾柯卡是福特汽车公司的一位见习工程师，本来与汽车的销售毫无关系；但是，公司老总因为这款新车滞销而着急的神情，却深深地印在他的脑海里。

他开始不停地琢磨："我能不能想办法让这款汽车畅销起来呢？"终于有一天，他灵光一闪，于是径直来到总经理办公室，向总经理提出了一个自己想出的方法。他说："我们应该在报上登广告，内容为'花56美元买一辆56型福特'。"

这个创意的具体做法是：买一辆1956年生产的福特汽车，只需先付20%的货款，余下部分可按每月付56美元的办法逐步付清。

艾柯卡的建议得到了采纳。结果，这一办法十分有效，"花56美元买一辆56型福特"的广告引起了人们极大的兴趣。

"花56美元买一辆56型福特"的这种宣传，不但打消了很多人对车价的顾虑，还给人留下了"每个月才花56美元就可以买辆车，实在是太合算了"的印象。

奇迹就在这样一句简单的广告词中产生了：短短的3个月，该款汽车在费城地区的销售量，从原来的末位一跃成为冠军。这位年轻的工程师也很快受到了公司赏识，总部将他调到华盛顿，并委任他为地区经理。

后来，艾柯卡根据公司的发展趋势，不断地推出了一系列富有创意的方法，最终脱颖而出，坐上了福特公司总裁的宝座。

从艾柯卡身上我们能够看出：在工作中主动去想办法解决问题的人最容易脱颖而出！也最容易得到公司的认可！

在美国，年轻的铁路邮务生佛尔，曾经和许多其他的邮务生一样，都用陈旧的方法分发信件。这样做的结果，往往使许多信件被耽误几天或更长的时间。

佛尔不满意这种现状，而是去想尽办法改变。很快，他发明了一种把信件集合寄递的方法，极大地提高了信件的投递速度。

佛尔升迁了，5年后，他成了邮务局帮办，接着当上了总办，最后升任为美国电话电报公司的总经理。

是的，当谁都认为工作只需要按部就班做下去的时候，偏偏有一些人，会去主动寻找更有效的方法，将问题解决得更好！同时也正因为他们善于主动地寻找方法，所以他们也常常最容易得到认可，最容易获得成功！

我们再来看一个更精彩的故事：1793年，守卫土伦城的法国军队叛乱。叛军在英国军队的援助下，将土伦城护卫得像铜墙铁壁。土伦城四面环水，且有三面是深水区。英国军舰就在水面上巡弋着，只要前来攻城的法军一靠近，就猛烈开火。法军的军舰远远不如英军的军舰，根本无计可施，以至前来平息这次叛乱的法国军队怎么也攻不下。法军指挥官急得团团转。

就在这时，在平息叛乱的队伍中，一位年仅24岁的炮兵上尉灵机一动，当即用笔写下一张纸条，交给指挥官："将军阁下：请急调100艘巨型木舰，装上陆战用的火炮代替舰炮，拦腰轰击英国军舰，以劣胜优！"

指挥官一看，连连称妙，赶快照办。

果然，这种"新式武器"一调来，英国舰艇无法阻挡。仅仅两天时间，原来把土伦城护卫得严严实实的英军舰艇被轰得七零八落，不得不狼狈逃走。叛军见状，很快也缴械投降。

经历这一事件后，这位年轻的上尉被提升为炮兵准将。

你知道这位上尉是谁吗？他就是后来威震世界的军事天才拿破仑！

像很多成功的人一样，可以说拿破仑的成功，就在于他遇到问题时主动去想办法，抓住解决问题的关键，最终走上了人生巅峰！

而正是有了这样的新起点，才会有更大的舞台，才能吸引更多的人向自己看齐，才有更多的资源向自己汇集，才能迈向更大的成功。

7. 有所学，便有所成

可以说，没有人一生下来就拥有了一切，我们只有依靠从不断的学习中得到的知识来造就自己。正如比尔·盖茨先生说的，你可以离开学校，但是永远不能离开学习。

在20世纪30年代的时候，英国工人送到订户门口的牛奶，奶瓶口既没盖子也不封口，所以，山雀与知更鸟这两种在英国常见的鸟，每天都可以非常容易地喝到漂浮在奶瓶上层的奶油。后来，牛奶公司为了阻止早起的鸟儿偷奶喝，于是把奶瓶口用铝箔封装起来。然而让人想不到的是，大约在20世纪50年代，英国所有的山雀都学会了如何把奶瓶的铝箔啄开，继续喝它们喜爱的牛奶。但是知更鸟却始终都没学到这套啄功，当然它们也就无奶可喝了。

为什么这两种差别不大的鸟儿对同一现象却有完全不同的表现呢？人们在研究这一现象时发现：原来山雀之所以能继续喝到牛奶，是因为它们具有彼此学习的能力，而知更鸟却没有。山雀是属于群居的动物，常常迁徙换巢。当某只山雀发明了新的啄法，啄破奶瓶喝到奶时，别的山雀也会通过它们群居的特性，沟通学习到新的技能。而知更鸟则是有领域习性的独居动物，它们各自据巢为王，相互间的沟通常常仅止于排斥来犯之鸟。因此，就算偶有知更鸟发现奶瓶的封口可以啄破，其他的知更鸟也无从学得。

有人说21世纪将是一个属于科技的世纪，也有人说21世纪是一个属于知识经济的世纪，同时还有人说21世纪是一个属于中国人的世纪。但是，在这里要说的是：21世纪是一个属于学习的世纪。人是所有地球生命中适应能力最弱的，但人却成了地球上生命力最强大的动物，这一切都是因为人类具有强大的学习能力。是学习造就了人类，学习是人类之所以称为“人类”的根本。

在今天，全世界在10年里所产生的新知识是人类历史所有知识的总和；在今天，你的大部分知识在5年后就会被淘汰；在今天，要想不成为时代的落伍者，要想不被竞争所淘汰，学习是我们唯一的选择。

1980年，美国著名管理学家派瑞曼就说过：“到下世纪初，美国将有3/4的工作是创造和处理知识。知识工作者将意识到，持续不断地学习不仅是得到工作的先决条件，而且是一种主要的工作方式。”学习不再是教室里或者上岗前的孤立活动，人们不必撇开工作专门抽出时间来学习，相反，学习就是工作的核心，学习与效率是同义词。一句话，学习将是劳动的新形式。

变化是生命的常态，变化是世界的本质。我们的世界在前进、在创新，作为现代企业员工，紧跟时代步伐，把握时代的脉搏，是必然的选择。我们已经很难想象不会操作电脑将如何在现代社会工作。环境在变，我们必须去主动适应，而学习就是最好的途径。

李嘉诚是亚洲首富。曾经有位记者这样问李嘉诚：“今天你拥有如此巨大的商业王国，靠的是什么？”李嘉诚回答说：“依靠知识。”有位外商也曾经问过李嘉诚：“李先生，您成功靠什么？”李嘉诚毫不犹豫地回答：“靠学习，不断地学习。”的确，不断地学习知识，是李嘉诚成功的奥秘。

李嘉诚勤于自学，在任何情况下都不忘记读书。青年时打工期间，他坚持“抢学”；创业期间坚持“抢学”；经营自己的“商业王国”期间，仍孜孜不倦地学习。一位熟悉李嘉诚的人说，晚睡前是他雷打不动的看书时间，他喜欢看人物传记，无论在医疗、政治、教育、福利哪一方面，对全人类有所贡献的人他都很佩服，都心存景仰。早在办塑料厂时他就订阅了英文塑料杂志，既学英文，又了解世界最新的塑料行业动态。

应该说，懂英文的华人在当时的香港社会是“稀有动物”。也正是因为懂得英文，使得李嘉诚可以直接飞往英美，参加各种展销会，谈生意可直接与外籍投资顾问、银行的高层打交道。如今，尽管李嘉诚已事业有成，仍爱书如命，坚持不懈地读书学习。

李嘉诚说：“在知识经济的时代里，如果你有资金，但缺乏知识，没有最新的讯息，无论何种行业，你越拼搏，失败的可能性越大；但是你有知识，没有资金的话，小小的付出就能够有回报，并且很有可能获得成功。现在跟数十年前相比，知识和资金在通往成功的道路上所起的作用完全不同。”

熟悉IBM公司的人都知道，在它的总部的大楼上写着“学无止境”四个字。公司每年都要花费十多亿美元进行130万人次的职业教育和培训。在培训过程中，紧张的学习每天从早上8点到晚上6点，而附加的课外作业常常要使学员们熬到半夜。学员们还要进行销售学习——这是一项具有很高价值和收益的活动。可以说，商业界就是一个自我表现的世界，而作为销售人员必须做好准备去适应这个“世界”。每天长达十多个小时的紧张学习压得人喘不过气来，但是却很少有人抱怨，几乎每个人都能完成学业。因为他们知道在这个时代，如果你不学习、不会学习、不终身学习，结果肯定是被淘汰。

我们常惊叹犹太人的聪明。这个民族在历史上经历了太多的苦难，但却依然顽强地生存到现在，并且涌现了许多闻名于世的伟大人物，因为他们懂得了“知识就是力量”的道理。在孩子刚刚懂事时，母亲们就会将蜂蜜滴在书上，让孩子舔书上的蜂蜜。她们这样做是想告诉孩子：书是甜的。因为犹太人知道知识的重要性，认为这样做可以让孩子从小就产生对知识的渴望。

可以说，人的一切知识都是从学习中得来的。我们从出生就开始学习，学习说话，学习走路，学习做事，学习一切。如果不学习，我们就不可能成为一个健全的人。歌德也曾经说：“人不是靠他生下来拥有一切，而是靠从学习中得到的一切来造就自己。”

其实，人的一生就是一个不断学习的过程。不管你有没有意识到，其实你也是一直在生活中、在工作中学习。但这种被动的学习效果肯定不会明显。你只有自己首先具有这方面的意识，去激发自己的潜能，不断地主动学习，你才能一直保持着强大的竞争力，从而去实现成功的梦想。

8. 不留退路，抓紧时间做事

不找借口，就意味着你可以一心一意、全力以赴地做事，可以更好地挖掘自身的潜力，做别人做不到的事情。做任何事情时，不管是成功也罢，失败也罢，都不要为自己寻找借口，坦然地面对，就能看见成功。

很多珍惜时间的人用“一寸光阴，一寸金”来形容宝贵的时间。朱自清在《匆匆》中这样描写时间：洗手的时候，日子从水盆里过去；吃饭的时候，日子从饭碗里过去；默默时，便从凝然的双眼前过去。我觉察他去的匆匆了，伸出手遮挽时，他又从遮挽着的手边过去。天黑时，我躺在床上，他便伶伶俐俐地从我身上跨过，从我脚边飞去了。等我睁开眼和太阳再见，这算又溜走了一日。我掩着面叹息。但是新来的日子的影儿又开始在叹息里闪过了。在短暂的人生中，有多少的时间禁得住从水盆里过去，从饭碗里过去，从凝然的双眼前过去，从遮挽着的手边过去……

一个人要想成功，就必须认清时间的价值。如果一个人连时间都不知道怎么利用，那么就像伸手去抓风的影子一样，最后什么也得不到。

今天的事情一定要在今天做完，这样才能更好地利用明天的时间。昼夜是分开的，晚上来临的时候，白天躲起来休息。但是时间是没有停歇的，要想充分地利用时间，就要牢牢地把握住今天，做好今天的事情，抓紧每一分每一秒，不让时间就这样白白地流去。

晋代时有一个叫车胤的人，年幼时就十分好学，并且很懂事，做起事来任劳任怨。年幼的他很喜欢读书，可是由于白天要帮家人干活，就只能利用晚上才能看书，因为可以读书，所以他觉得很快乐，每天都很充实。由于他家境清贫，有时候甚至没有钱买油灯了，于是只能利用夜光比较明亮的时候看书。一个夏天的晚上，萤火虫的点点荧光在黑夜一闪一闪。于是，他想到了一个好办法。他捉来许多萤火虫，把一个可以透出光的小白布缝成一个小袋子，把抓来的萤火虫放在袋子里。这样他把这个布袋子吊起来，就做成了一盏“照明灯”。

车胤的寒窗苦读，没有白费，他最终成为了一代著名学者，后来还成了一名深得人心的官员。

这就是著名的“囊萤映雪”的故事。车胤有这种好学不倦的精神，时间的价值在他身上充分地体现了出来。他不仅珍惜时间，还很善于充分利用时间，白天帮助家人去地里干活，晚上还不忘秉烛夜读，甚至是不顾家里的恶劣环境，想尽一切办法学知识，长见识。这种精神值得每个人学习。

很多人没有办法解释，或者没有办法解决的时候，喜欢找借口推脱。有的人会信以为真，有时候会拿着这种借口向更多的人解释，这样一来二去，借口也变成了真的，时间长了便没有人记得借口下面隐藏的事实。对于我们来说，找借口远远要比承认错误容易。有时一个冠冕堂皇的错误搪塞过去就免去了很多繁杂的步骤，渐渐地形成了一种习惯，随便搬出一套可以说服人的借口便可以了事。殊不知，此时的了事，却会造成不断的误事。

不找借口，就意味着你可以一心一意、全力以赴地做事，可以更好地挖掘自身的潜力，做别人做不到的事情。做任何事情时，不管是成功也罢，失败也罢，都不要为自己寻找借口，坦然地面对，就能看见成功。

一天，狐狸出去找东西吃，看到了一棵葡萄树，跳了半天还是够不着，没吃到嘴里。它想让自己不要难过，就告诉自己，葡萄一定不甜，是酸的，要不然怎么这么多葡萄挂在树上没有人吃。

这个小小的寓言故事说明，狐狸办事能力不足，自己做不到的事情就找借口辩解，说葡萄是酸的。人总是会在不知不觉中寻找借口，有的借口丝毫觉察不出破绽，甚至连自己也骗过了。借口就像一种毒品，用的时间长了，就会离不开它，第三次、第四次顺理成章地接受这样一种形式，连自己也变得迷茫，分不清是非对错，最后一事无成。

“人非圣贤，孰能无过”。每个人都不是从一生下来就注定要做对所有的事情。有了问题，出现错误，可以自我批评，检查自己出现矛盾的原因。有时候人们是因为一些原因，不好意思说出来，就只好找个借口遮掩过去。这些借口背后潜在的什么东西别人不知道，即使是自己出现了错误。这些借口或许只是帮助你逃避了困难和责任，但借口只能成为人生路上的绊脚石。有的人撒了谎，找借口慰藉自己，到最后从内心里发出的一种罪恶感是没有借口可以替代的。所以从一开始就不要存在这样一种心态。这种心态就像枷锁一样，一天一天铐着你，压得你喘不过气。不找借口，可以让你轻松地面对所有的一切，毫无顾忌，不必受良心的谴责，轻松地做事，完成自己的理想。

一天，小蚂蚁对硕大的天鹅说："我们要建造一个比你的身体还大几倍的窝。"天鹅不屑地说："你们真是白日做梦，我身上轻轻掉一片羽毛就能压死你们，你们还想建比我还要大的窝，简直是可笑。"说完天鹅伸开自己漂亮的羽毛，骄傲地飞走了。

第二天，蚂蚁紧张地开始工作了，它们需要从很远的地方运来建筑用的材料。但是，努力了很多天，还只是小小的一点开始。天鹅嘲笑它们是一群不自量力的傻瓜。

风吹日晒的，它们依然在辛苦地努力着。有时候，一阵狂风吹过，它们刚从远处衔来的材料就被吹走了，于是它们再重新搬运过来；有时候，暴雨袭来，把它们已经进行了一半的工程给破坏了，它们依然坚持继续搭建属于自己的窝……

经历了很多风雨，它们还不放弃，有很多小蚂蚁累死了，但是它们依然坚持不懈。蚂蚁的窝快要搭建好了，天鹅忌妒它们，就跑去破坏。它不断地请别的小动物来破坏蚂蚁的工程。但是，蚂蚁依然一心一意、无怨无悔地建造自己的家。

终于有一天，它们成功了，所有的蚂蚁在天鹅惭愧的目光中，在自己的天堂中载歌载舞。蚂蚁坚持不懈的精神正是因为它们从来不为自己寻找借口，不管遇到多大的困难都自己想办法解决，最后终于成功了。找借口往往都是懦弱的表现，不敢正视现实的存在。用借口来遮掩曾经的过失，这些过失就会在未来的路上再次出现，继而又被另一个借口挡住，那样你就永远找不到自己出错的原因。

不管做什么，不要给自己留一点退路，要敢于正视错误、承认错误、改正错误，让不该发生的过失永远和你说再见，这样我们就永远成不了借口的俘虏。

9. 一着不慎的失误会导致满盘皆输的败局

99%的努力加1%的失误等于零满意度。也就是说，你纵然付出了99%的努力去服务于客户，去赢得客户的满意，但只要有1%的失误、瑕疵或者不周，就会令客户产生不满，对你的印象大打折扣。

在数学计算中，“100-1”是等于99，而企业经营上，“100－1”却等于0。

100次决策，有1次失败了，可能让企业垮掉；100件产品，有1件不合格，可能失去整个市场；100个员工，有1个背叛公司，可能让公司蒙受无法承受的损失；100次经济预测，有1次失误，可能让企业破产……

水温升到99℃，并不是开水，其价值有限；若再添一把火，在

99℃的基础上再升高1℃，就会使水沸腾，产生的大量水蒸气就可以用来发动机器，从而获得巨大的经济效益。许多人做到了99%，就差1%，但正是这点细微的区别使他们在事业上很难取得突破和成功。

也许对企业而言，产品合格率达到99%，失误率仅为1%，质量似乎很不错了，但对每个消费者而言，1%的失误，却意味着100%的不幸！

曾经有一家电热水器生产厂，声称自己的产品质量合格率为99%，各项指标安全可靠，并有双重漏电保护措施，让消费者放心使用。然而一位消费者购买了该厂的电热水器，却不幸摊上了这1%的失误。

跟往常一样，他未关电源就开始洗澡，没想到，热水器漏电，而漏电保护装置又失效，以至于他被电流击倒。按理说，带电使用电热水器属于正常操作范围，不应出现这一故障；即便发生漏电，漏电保护装置也会立刻断电，以确保使用者的安全。然而，这家企业满足于99%的合格率，却给那位消费者带来了巨大的伤害。

由此不禁令人担心。是不是还会有下一个，再下一个消费者也会摊上这样的不幸呢？如果企业不高度重视这1%的质量失误，不仅消费者的生命安全得不到保障，企业的生存也难以延续下去。试想一下，人们知道后还敢买这样的“危险品”吗？肯定无人购买，那么公司也无法发展下去，只有关门大吉。

优质的产品，是客户选择你的第一理由，否则，客户根本不可能向你“投怀送抱”，更不可能将其“钱包份额”给你。对此，海尔公司深有体会，并有许多令人称道的做法。

一次，海尔公司副总裁杨绵绵在分厂检查工作，在一台冰箱的抽屉里发现了一根头发。她立即召集相关人员开会。有的人私下议论说一根头发丝不会影响冰箱质量，拿掉就是了，何必小题大做。

杨绵绵却斩钉截铁地告诉在场的干部和职工：“抓质量就是要连一根头发丝也不放过。”

又有一次，一名洗衣机车间的职工在进行“日清”时，发现多了一颗螺丝钉。职工们意识到，这里多了一颗螺丝钉，就可能有一台洗衣机少安了一颗，这关系到产品质量和企业信誉。为此，车间职工下班后主动留下，复检了当日生产的1000多台洗衣机，用了两个多小时，终于查出原因——发货时多放了一颗螺丝钉。如果这1%的失误，正是客户极为关注和重视的方面，或给客户带来了损失及伤害，就会使你前功尽弃，以往所有的努力将付诸东流，客户将彻底与你决裂，弃你而去。

有这样一个案例：每到节庆日，一位采购人员都会收到与其有业务往来、合作非常愉快的一家公司的贺信，而且每张贺信上都附有该公司的总裁签名。有一次，他遇到产品上的一个技术性的问题，打电话向那家公司的技术人员咨询，结果电话转来转去，最后总算转到一位技术人员那里。但这位技术员既不热情，也无耐心，让他上公司的网站去查看。就这样，他的问题仍然未得到解答，技术人员就匆匆挂断了电话。

采购员极其愤怒，打电话请求前台小姐，帮他把电话转给那位在贺信上签名的公司总裁。前台小姐却说总裁很忙，无法接听电话。此时，他已由愤怒、懊恼升级到对该公司十分失望了。没过多久，这位采购人员便将全部的业务转给那家公司的竞争对手了。虽然那家公司以往都做得很好，关怀客户方面似乎也做得不错，但它仅是从自身利益和角度考虑问题，并未切实关心客户的需要。当客户请求帮助时，工作人员却态度生硬、推三阻四，没有真心实意替客户排忧解难。结果，服务上的这一纰漏，断送了自己的生意。千万不要得意于99%的成功，只要你还有1%的失误和不足，你的成功就是不完满、有缺憾的，随时可能被他人替代和颠覆。就像特洛伊战场上的阿喀琉斯，纵然有千钧之力和金刚不破之身，但因脚后跟上那一点小小的“破绽”，便使自己横尸疆场，无以复生。

无论是企业还是个人，只满足于99%的成功和优秀，都是骄傲自满，不思进取的表现，不可能有什么大的作为和发展。更不幸的是，当竞争结构发生变化时，他很可能是第一个被市场抛弃、淘汰的人。

其实，做到零缺陷、零失误并不难，只要每个员工时刻保持高度的责任心和敬业精神，把永远不向消费者提供劣质的产品和服务作为企业的道德底线，让这一思想深植于心，用做人的准则做事，用做事的结果看人，就能赢得客户的满意和回报。

因此，在工作中，你也应该以最高的标准要求自己。能做到最好，就必须做到最好；能完成100%，就绝不只做99%。只要你把工作做得比别人更完美、更快、更准确、更专注，动用你的全部心血，就能引起他人的关注，实现你心中的愿望。

10. 持之以恒的准备是走向成功的阶梯

成功不是从天而降的，不是坐在那里“守株待兔”就能获得的。成功需要汗水，需要坚持不懈的努力。爱迪生说过：“天才就是百分之九十九的汗水加百分之一的灵感。”灵感，或者说是天分，固然重要，但那只是一些偶然添加的润滑剂。没有人能不劳而获，就像种庄稼一样，要不断地浇水施肥，才能收获。成功没有技巧，就像是织毛衣一样，要想合身，就要持之以恒，一针一线都不能少。

世界上没有人可以一步登天，捷径是有，但是也要靠辛勤的汗水去铺就一条捷径，没有人站在原地默默地念几声咒语，就可以走上成功的路。人和人是平等的，你要想比别人多一点成功，就要多付出一些汗水，比别人更主动。有很多成功人士，闪亮的光环在他们身上闪烁，但是闪烁的光环背后都是辛勤的汗水。

凡事都要早做准备，比别人更快地进入状态，更快地想到办法，更快地付出行动，就能更快地达到目标。即使不是“笨鸟”也要先飞，要随时做好准备，那样就能更早地找到机会，比别人更快地收获成功。

不管是在任何领域上，机会历来都是垂青于有准备的人的，没有机遇会主动送上门来，也没有成功会自己降临到你的头上。要相信一句话，“天上不会掉馅饼”。就像拿破仑说的那句话一样：“自觉自愿是一种极为难得的美德，它驱使一个人在没有人吩咐应该去做什么事之前，就能主动地去做应该做的事。”

东汉时，有一个年轻人名叫乐羊子，他娶了一位聪慧善良又有贤德的妻子。一次，乐羊子在外面拾到了一块金子，兴冲冲地拿回家来交给妻子。妻子却说：“有志气的人会严格要求自己，把不是自己的东西捡回来只是败坏自己的名声。”乐羊子感到特别惭愧，就把金子放回原处。然后妻子对他说：“你很笨，笨鸟要先飞，你应该出外求学去。”于是乐羊子就出外求学去了。但是一年之后，乐羊子因为思念妻子，觉得自己已经学成了，就返回家中。

妻子把他领到织机旁对他说：“这布是一寸一寸、一尺一尺织出来的，日积月累才能成丈、成匹。如果我现在把它剪断，那就前功尽弃了。求学也和织布一样，不能在学到一半的时候放弃，那样只能半途而废，什么也学不成。”乐羊子深受感动，又接着出去求学，七年都在外求学没有回家。

有的人喜欢用时间来衡量自己知识的多少。一年十二个月，三百六十五天，八千七百六十个小时，可以算算，自己这一生有多少的时间用来学习。如果像乐羊子一样，那前面所学的东西就前功尽弃了。知识是没有穷尽的，学得越多，知识就会像雪球一样越滚越大。

比别人少几分天分的人，更要努力。“笨鸟先飞”，比别人更积极主动，成功就会越来越近。

生活中，每个人都在为自己的理想奔波，没有人可以坐享其成。要想成功，就必须付出比别人多的汗水，没有人可以不流汗就品尝到成功的果实。有的成功来得太快，去得也快。

无论是什么人，在荣誉的光环包围下，总有别人看不到的汗水，不要只是艳羡别人的成功，看不到自己的路。每个人都有一条属于自己的通向成功的路，或布满荆棘，或是有很多交叉路口，都需要自己不断地努力。上帝对所有人都是公平的。只要你付出了，就一定会有回报，付出越多，得到就越多。就像农民种田一样，种得多了，秋天收获得就越多。有的人偷懒，总想比别人少劳动一点，结果他就收获得比别人少。付出和收获永远成正比。

诸葛亮少年时代，从学于水镜先生司马徽。诸葛亮是一个勤于用脑、学习刻苦的人，不但司马徽赏识，连司马徽的妻子也很喜欢他，他们都喜欢这个勤奋好学、善于用脑子的少年。那时还没有钟表，记时用日晷，遇到阴雨天没有太阳，时间就不好掌握了，只能自己摸索。为了记时，司马徽训练公鸡按时鸣叫，办法就是定时喂食。为了学到更多的东西，诸葛亮想让先生把讲课的时间延长一些，但先生总是以鸡鸣叫为准。于是诸葛亮想："要是能把公鸡鸣叫的时间延长一些，先生讲课的时间不也就延长了。"于是他上学时就带些粮食装在口袋里，估计鸡快叫的时候，就喂它一点粮食，这样鸡一吃饱就不叫了。

过了一段时间，司马先生感到很奇怪，为什么鸡不按时叫了呢？后来经过他细心观察，发现诸葛亮在鸡快叫时就给鸡喂食。司马先生开始很恼怒，但不久他明白了诸葛亮的用心，还是被诸葛亮好学的精神所感动，对他更加器重，对他的教育也就更毫无保留了。诸葛亮也就更勤奋了。通过努力，他终于成为了一个上知天文、下识地理的饱学之士。

其实，在努力了之后，结果就变得不那么重要，重要的只是过程。但是没有汗水铺就的过程是苦涩的、没有希望的，也不会有完美的结局。

成功需要的是汗水和持之以恒的精神，每个人的成功之路都不是一帆风顺的，每个人都或多或少会遇到一些困难。一定要有永不退缩的精神，那样困难就会被你吓倒。不管有多高的学问都不要自满，比你有学问的人多的是。学问就像时间一样，随着岁月的不断延续在慢慢流向知识的海洋，人总是在不断的探索过程中发现自己的缺失。所以，我们要慢慢走向成功，要有不怕吃苦、坚持不懈、持之以恒的精神。比别人主动一些，成功就会更接近你。

11. 言而有信受青睐，骗人只会受其害

墨子说过："志不强者智不达，言不信者行不果。"这句话的意思是说：志向不坚定是因为智慧还没有达到，言而无信的人做事不会有结果。我们应该牢记墨子的这句话，不做言而无信的事，这样才能抵达终点，否则永远看不见曙光。

班台莱耶夫是俄国的一个著名作家。他写过一本名叫《诺言》的小说，讲述了这样的一个故事：

一群小孩子在公园里玩战争游戏，一个大一点的孩子对新来的一个七八岁的小孩说："你是中士，而我是元帅，从现在开始，你就得听我的。这里是我们的'军火库'，你留在这儿做哨兵，没有我的命令不准离开，直到我叫人来和你换班为止。"

这个小"中士"很听话地一直坚守着岗位，但是天已经渐渐地黑了下来，其他小孩都回家去了，大家都把这个"中士"给遗忘了。公园就快要关门了，"中士"还坚守在自己的"岗位"上。他又冷又饿，还很害怕，但是他还是不肯离开公园。一个路人看到这种情况，告诉他天黑了，让他赶快回家，可他还是坚持不肯离开。于是这个路人就去街上找来一个真的少将，让少将帮忙。少将对孩子说："中士同志，我命令你可以离开岗位。""中士"这才高兴地说："是，少将同志。"这时他才离开"岗位"回家。

一个小小的孩子这么信守承诺，难道不值得钦佩吗？这只是一个游戏，而他却始终坚守在自己的岗位上，直到最后。这样的例子正体现出孩子充满童真的心。能否做到信守承诺，关键在于自己努力了多少。对于要承诺的事情要先看自己能否做得到，不要“打肿脸，充胖子”，轻易地许下诺言，不能做到的千万不要承诺。在实施的过程中，要按照自己的实际情况，按照自己的承诺完成，不要失信于人。

孟子说过：“诚者，天之道也；思诚者，人之道也。”这句话的意思是说：自然界的一切，宇宙万物都是真实的，实实在在的，没有一点虚假；真实是宇宙万物存在的基础，虚假就没有一切，所以说诚是天之道。思诚就是追求诚，“思诚者，人之道”就是说求诚是做人的根本要求。

古人特别注重的东西就是“诚”。诚是在人际交往中必不可少的，与人交往的时候要注意“诚”。用“诚”去面对，所有的道路都会对你大开绿灯。从一开始就要用“诚”面对所有的人，养成这样的好习惯，慢慢地“诚”就会成为你生活的一部分。

西周最后一任国君——周幽王。他亡国丧身的原因复杂繁多，但其中最重要的一个原因就是不讲诚信。其中“烽火戏诸侯”是他不讲诚信最恶劣的表现。他宠幸美女褒姒，但是美女褒姒难得一笑，周幽王觉得十分可惜，整天苦思冥想，想博得褒姒一笑。这一天周幽王计上心头，猛击战鼓，下令点燃骊山烽火，传警诸侯。

在周代，为了保卫京城镐京，在京郊设有烽火台，一有敌情，就点燃烽火，白日见烟，夜间观火，日传千里。诸侯看到烽火燃起就立刻兴师勤王，千里驰援。周幽王为博褒姒一笑，不惜搞此骗局，点燃烽火。诸侯不知，一见烽火升起，纷纷赶赴镐京援救。到了镐京城下，并不见一个敌人，弄得诸侯个个狼狈不堪。褒姒站在城楼上，见城外诸侯匆匆赶来的狼狈相，果然大笑不止。殊不知，周幽王不以诚信为宝，反以行骗为乐，深深埋下了祸根。不久，西戎真的入侵了，尽管烽火又点燃起来，诸侯却一个也不前来援救了。周幽王不得不吞下他不讲诚信的苦果。

周幽王为博得美人一笑，不惜以自己的诚信作为砝码。他不知身为一国之君，最重要的是要让诸侯对他有所信服。他的所作所为让诸侯对他失去了信赖，最后他为自己的“不诚”付出了惨痛的代价。

诚信是一种难能可贵的品质。有人会抱怨自己朋友太少，别人都不理解自己，却不知正是因为自己缺少一种叫“诚”的东西。我们要时刻牢记，“诚”是在与人交往的过程中必不可少的，要想得到别人的尊重，就要用真诚去面对别人，让别人看到你的诚心。要牢记：“诚者，天之道也；思诚者，人之道也。”

人生路上，不可能永远都是自己一个人孤军奋战，那样成功的路会走得太艰辛。要想离成功更近一点，就要懂得自动自发。要首先学会忠诚，用“诚”去面对一切，用“诚”去化解成功道路上的荆棘，时刻谨记言不信者，行不果。

第七章

借口是一时慰藉，方法乃一针见血

为问题找借口，便错过了在解决问题的过程中提升自己的机会，所以不要为问题找借口，而要积极地开动自己的脑筋，努力寻找解决问题的方法，从而使自己在磨炼中不断成长。

1. 不要掩饰错误，承认才表示接受

其实许多事之所以总也没办法解决，还是因为人们没能好好想办法。认真去想办法，许多问题就会迎难而解。“办法总比困难多”。最关键的是千万不可为自己寻找借口。要知道，借口才是阻止你走上创新之路的主要障碍。特别是在做错事的时候，一定要主动承认错误，只有承认，才能在内心里进一步接受错误，从而想办法去弥补。

自己的过错自己就要勇于承担，这是做人基本的责任和义务。一个人如果惧怕因错误而带来对自己的不利，就会很自然地隐藏错误或为自己的错误寻找开脱的借口。其实越是想把错误藏起来，错误就越会被别人发现。这无疑就会阻碍你前进的步伐，减缓你成功的速度，降低你的办事效率。

美国前总统西奥多·罗斯福，大家都不会陌生，他曾经说过：“如果我所决定的事情有75%的正确率，便是预期的最高标准了。”罗斯福无疑是20世纪最杰出的人物之一，他的最高希望也不过如此，何况你我呢？可见，犯错误是一件很正常的事情。犯错误并不可怕，可怕的是不敢承认自己犯了错误。

犯错误的人在犯错误之后都有自己的想法，他们或者因为害怕承认错误要面临领导的惩罚，或者担心降低工资，甚至被解雇，于是便去努力思索，想寻找“合理的托词”来逃脱责任。其实，在你

努力为错误找借口的时候，在你为苦苦思索却找不到完美的借口而烦恼的时候，你完全可以把这份精力和时间放在寻找错误的原因上，找出自己为什么会犯这样的错误，以及如何不再重复类似的错误。当你真的这样做了之后，相信你一定会有新的发现。

自己的错误要勇于承认，这是一个人责任感的体现。人无完人，任何人都会犯错误，关键是当你犯错误之后能不能正视自己犯的错误。其实领导们并不是只喜欢能够永远正确按照自己的意愿去工作的员工，那些犯了错误并及时地为自己的错误想办法弥补的员工，会更容易取得领导的信任。

我们判断一个人是不是有能力的人，并不是看他在一帆风顺时候的表现，而是看他在困难和挫折面前是如何掌控自己的潜能来应对自己的境况。当你面对自己犯错误造成的糟糕的局面的时候，能够从容面对，正视自己的错误，并及时分析自己，找到错误的原因，并向领导承认错误，那么结果也不一定会像你想的那么糟糕。千万不要在犯了错误之后想尽办法去掩盖错误，这样的做法是很愚蠢的，错误是永远隐藏不了的，越隐藏只会让错误越早暴露出来。

美国某公司的财务人员布鲁士在做工资表时，给一个请病假的员工定了全薪，忘了扣除他请假几天的工资。事后布鲁士发现了这个错误，于是他找到这名员工，告诉他这个月多发的钱要在下个月的工资里扣除。但是这名员工说自己手头正紧，便请求分期扣除。布鲁士没有权力做决定，这就意味着他必须得请示老板。

当然，这样一来老板便会知道布鲁士所犯的这个错误。布鲁士明白老板知道后一定会非常不高兴，但是他认为这混乱的局面都是自己工作的疏忽造成的，他必须负起这个责任。他去向老板认错。

当布鲁士告诉老板他犯的错误后，没想到老板竟然大发脾气地说这是人事部门的错误；当布鲁士再度强调这是他的错误时，老板又大声指责这是会计部门的疏忽；当布鲁士再次认错时，老板看着布鲁士说："好样的，我就是要看看你承认错误的决心有多大。好了，现在你去把这个问题按照你自己的想法解决掉吧。"事情终于解决了。从那以后，老板不但没有不再信任布鲁士，反而更加器重他了。由此可见，当你犯了错且知道责任在所难免时，抢先一步承认自己的错误，情况可能会更好一些。如果你在老板发现之前，就承认了自己的错误，十有八九会得到原谅的。

一个人想获得成功，那么他必备的素质之一便是知错能改。成功者都是不怕错误的。甚至当他们发现一种方法行不通的时候，还会高兴，因为毕竟经过实践知道这一种方案被排除后，他们就可以去继续自己的另一种方案。如果你能以积极的心态坦然地面对错误，正视自己的错误，那么错误给你带来的并不是错误本身，而是会让你有意想不到的发现。这一发现或许会让你更快成功，你将不会为错误所累。

2. 远离借口才能靠近成功

借口是导致人们失败的根源之一。事实上，一个人越是成功，越不会去找借口。其实，大多数的失败都是因人们习惯于在错误或者失败面前找借口造成的。

借口是一种思想病。对于这类思想病的患者，症状严重的人无一例外的是失败者。其实生活中的一般人都具有不同程度的这种思想病。对比那些成功的人与那些没有什么作为的人，我们很容易发现他们之间最大的差异，往往就在于是否找借口。只要你稍加留意就会发现，那些没有什么作为，也不曾计划成功的人，往往会有一大堆的借口来解释为什么他不做，为什么他没有做到，为什么他不能做，为什么他不是那样做的。失败者面对糟糕的局面所做出的第一个举动，就是为自己找出各种借口，或者把责任推卸给其他人，逃得远远的，与此划清界限。

那些善于找借口的人，或许不知道借口是导致他们失败的原因所在。一个失败者一旦找出一种“好”的借口，他就会抓住不放，然后总是拿这个借口对他自己和别人解释为什么他无法再做下去，为什么他无法成功。或许起初，他心里自知自己的借口多少是在撒谎，但是在他不断重复之后，他自己的借口也慢慢地“说服”了自己，他自己也会越来越相信那些借口完全是真的，他也开始相信他的借口就是他无法成功的真正原因。结果可想而知。他的大脑开始怠惰、僵化，原来想方设法要赢的动力就化为乌有。但他们始终都不会承认自己是个爱找借口的人。

优秀的人从来不会为自己的错误或者失败找任何借口，他们会在工作中坚定不移地朝着目标前进。哪怕前面荆棘密布，他们也会全力以赴克服困难，不言放弃。他们犯了错误，也会及时分析，找出失败的原因，然后尽自己最大的努力来弥补自己的错误所带来的损失和影响，而不是想办法去找借口，逃脱责任。美国成功学家格兰特纳曾经说过，如果你有自己系鞋带的能力，你就有上天摘星的机会。改变对借口的态度，把寻找借口的时间和精力用到努力工作中来。工作中没有借口，人生中没有借口，失败了就不要用借口来做掩护，成功也不属于那些寻找借口的人。

不要为自己的错误辩护，因为再美妙的借口也掩盖不了错误的本身。不如把寻找借口的时间和精力用到下一步的工作中来，仔细分析下一步该怎么去做。反过来说，这样坦然面对失败，将下一步的工作做好了，失败真的可以成为成功之母。这样一来，你也不用为没有完美的借口而烦恼了。

不要为失败寻找任何借口，不借助任何一种借口地为成功寻找方法。当你不再为自己的失败寻找借口的时候，也就是你快要成功的时候。

3. 为失败找原因而不是找借口

生活中有些人失败后总是为自己找借口，却从不肯在自己身上寻找失败的原因，自然也不会吸取失败的教训，以至于下一次同样会失败。我们常常会听到周围有人说："都是因为他，都是因为这个……"其实导致失败的原因有很多种，如果总把责任推给别人或者责怪条件不足，却从没有分析为什么失败，从来没想过用什么方法来解决问题，那么失败只会一直围绕着你，成功也会一直远离你。

当你接近成功人士时，你就会发现，原来他们也不是具有什么超凡的能力，也是经过一点一滴的努力和奋斗才取得成功的。你会发现他们都有一个相似之处，那就是面对失败时的选择，他们都会仔细分析一下自己为什么失败，从中找到失败的原因，从而为下一次的成功去总结失败的教训，并且找出成功的方法。

对于生活中的那些失败者，我们也会发现，他们也有惊人的相似之处，那就是为自己失败找寻一大堆的借口与理由，来解释自己的失败。好像失败总是别人的过错，或是不关自己的事。

其实，方法总比问题多，有问题就有方法，找到了正确的方法我们才有可能把事情做好。安徽省安庆市有一个铜矿厂，生产之后剩余的矿渣一直作为废弃物堆放很久，没有处理。后来有一个日本人愿意购买，矿长因为不知道日本人为何买矿渣，这些矿渣到底还有什么用处，所以犹豫着没有同意卖。日本人就不断加价，最后几经周折，日本人给出的价格竟然高于未经加工的铜矿石价格。这一点令厂长很不解。此时，他虽然仍不清楚矿渣有何用处，但是也坚定了不卖给日本人的决心。矿长认为，虽然现在不知道这些矿渣有何用处，但是相信今后一定会知道其中的秘密。

矿长由于不知道正确的方法，从而不能够发掘出矿渣的真正价值，可见方法的重要性。从另一个角度来说，方法始终比问题多，只要思想上有战胜困难的决心，那就一定能够找到成功的方法。方法不是等出来的，而是想出来的，所以在困难面前，我们不要为没有方法找借口，而应该开动自己的脑筋，找到成功的方法。

一艘船在大海里迷路了，狂风大起，每个人的生命都存在危险。

在这些人当中，有两个人知道正确的方向，那就是向西。除了这两个人，其他所有的人都误认为应该向东。

在生命最危急的时刻，第一个人马上说出了自己的想法，态度很坚决。大家都乱了套，都不相信这个人的意见。另外一个人保持沉默。大家就开始争论起来，最后的结果是这个人被其他人扔进了大海。

船继续在大海里航行。另外一个知道方向的人也不敢说出正确的方向，因为他害怕自己的命运会和第一个人一样，葬身大海。但是，他必须想一个办法矫正船的方向，否则仍然是死路一条。于是，这个人想到了一个方法，唯一可以改变船方向的人就是掌舵手。那他如何才能成为掌舵手呢？他先和其他人搞好关系，慢慢地取得大家的信任。然后他提出由他来掌舵，理由是他曾经是水手，有过这方面的经验。大家也很快就同意了。

船继续向东航行。只是，没有人知道他在船每走一段路时就把方向稍微调整一点，在船兜了一大圈之后方向变到了向西。最终，船在不知不觉中抵达了西面的陆地。这个时候，他才说出了真相，大家都非常吃惊，同时也非常感激他，把他当做救命恩人。

从上面掌舵手的身上，我们可以看出方法是多么重要。第一个人由于不考虑自己周围的情况，坚持提出自己的想法，做法太死板，结果只能葬身大海。而第二个人却及时分析了自己所处的环境，综合种种因素，找到了适合的方法，再加以灵活地运用，最终不仅留住了自己的性命，也救了整条船的人，成了大家的救命恩人。一个做事情不讲究方法的人，往往很容易失败。

杰森·基德是美国职业篮球协会1994年至1995年赛季的最佳新秀。在谈到自己的成功时，他说："小时候，父亲常常带我去打保龄球。但是我总是打不好，之后就总是找借口解释自己为什么打不好，而不是去找原因。父亲就对我说'别再找借口了，这不是理由，保龄球打得不好是因为你平时不练习。'他说得对，我一直记得他对我说的那句话，现在我发现自己的缺点便会努力改正，决不找借口搪塞。"达拉斯小牛队每次练完球，人们总会看到有个身影在球场内奔跑，一再练习投篮，这个人就是杰森·基德，因为他是一个不为自己寻找理由的人，只会为成功不断寻找方法。懂得了做事的方法，往往会事半功倍。所以应该在实际生活中，注重培养自己正确的思维方式，从而让自己更善于找寻解决问题的方法。

要善于为成功找方法，因为任何事情都有成功的方法。在遇到困难挫折时，我们可以将问题暂时放下，但是一定不要放弃，因为在未来我们一定可以找得到解决的办法。同时，不要为问题找借口，做一件事情是否尽心尽力是用不着解释的，时间久了，任何辩解都是没有意义的。别人可以容忍你一次、二次地找借口，但是不能容忍很多次。

同时，找借口不利于自身的成长，为问题找借口，便错过了在解决问题的过程中提升自己的机会。所以不要为问题找借口，而要积极地开动自己的脑筋，努力寻找解决问题的方法，从而使自己在磨炼之中不断成长。

4. 敢于正视自己的弱点

古语云：知错能改，善莫大焉。更何况我们有弱点并不是错误，而且任何弱点都可以通过努力去弥补。所以，每个人都应该正视并感激自己的弱点。

民间有句老话叫“金无足赤，人无完人”，意思是说对人对事都不能太苛求。但是，很多人向来有“说一套、做一套”的习惯。一直以来，人们对他人和自己的要求其实都蛮苛刻的。尤其是在面对自己的缺点时，很少有人能够坦然。更多的时候，人们会想尽一切办法去掩盖自己的弱点，让自己看起来更完美一些。

然而，这个世界上掩耳盗铃、自欺欺人到最后弄巧成拙的人和事还少吗？古语云：知错能改，善莫大焉。更何况我们有弱点并不是错误，而且任何弱点都可以通过努力去弥补。所以，每个人都应该正视并感激自己的弱点。因为一个人只有认识到自己的弱点，才会给自己新的学习机会，从而增长智慧，愈加成熟。这样的人，不仅更容易接近成功，而且能够得到大多数人的认可。而那些不肯或者不敢甚至不能正视自己的人，非但很难取得成就，同时也很难在社会上立足。

新年伊始，上海市一家外资企业登出招工启事，准备面向社会招聘一位经理助理。在招聘条件一栏中，有一项条件是必须具备两年以上的工作经验。

当天上午，先后有6位求职者前来应聘，前5个应聘者都称自己有类似的工作经验，但面对招聘经理的考问，他们很快显示出了对这一行业的无知。

第6位求职者是一位学生模样的年轻人，他坦率地对招聘经理说，自己并不具备这方面的工作经验，但是他对这份工作很感兴趣，并且拥有十足的信心，相信经过短暂的实践后，能够胜任工作。

“没有工作经验你为什么还来应聘？你没看到我们的招聘条件吗？不过我很欣赏你的诚实，说说你为什么能够实言相告吧。”一位外籍招聘经理用生硬的汉语问他。

“是这样的，先生，”青年人回答，“小的时候，有一次我偷了家里的鸡蛋拿出去卖钱花，结果被奶奶知道了。奶奶问我时我撒了谎，奶奶在我的屁股上重重地打了一巴掌，然后告诫我：‘穷不可怕，只要你诚实，你就有救。’我永远记住了这句话。”

毫无疑问，这位应聘者被破格录取了。几年后，他成为这家公司的财务总监。

穷不可怕，只要你诚实，你就有救。同样的道理，有弱点并不可怕，而且非常正常，只要你能够正视自己的弱点，并努力弥补，你就能逐渐得到提升。

那么，为什么大多数人不愿意正视自己的弱点呢？原因就在于他们不自信。他们往往对自己的优点了如指掌并大肆宣扬，而对自身的弱点却不敢承认和面对，害怕弱点被别人看透，受到他人的嘲笑和蔑视。如此一来，这些弱点便不断地发挥破坏作用，对个人的发展造成极坏的负面影响。

与此相对，那些在职业生涯中有所收获的人，都是能够清醒认识自己的人。他们在知识与能力上或许并不一定胜人一筹，但是他们非常清楚自己的弱点和不足，从而能够及早规避相关危害，并积极地发挥自己的长处，扬长避短，用优点去克服或弱化自身的弱点。

而且，即使是暴露自己的弱点，有时候也并不一定都是坏事。对于相互合作者来说，这一点尤其重要。因为唯有如此，才能换来别人的信任和帮助，提高合作的成效。

飞人乔丹是美国职业篮球联赛历史上最伟大的篮球运动员之一。一方面由于他球技过人，曾经创造过多项世界纪录；另一方面则得益于他过人的气度和胸襟。

在当时，公牛队中最有希望超越他的新秀是年轻的皮蓬。皮蓬年轻气盛，好胜心极强，在乔丹面前，他常常流露出一种不屑一顾的神情，还煞费苦心地寻找乔丹的弱点。但乔丹却从来没有把皮蓬当做潜在威胁，更没有因此而排挤他，相反他经常对皮蓬加以鼓励。

有一次休息时，乔丹问皮蓬：“你觉得咱俩的三分球谁投得更好一些？”

皮蓬听了很不高兴，阴阳怪气地说：“你这是明知故问，当然是你。”因为当时的统计数据显示，乔丹投三分球的成功概率是28.6%，皮蓬的成功概率则是26.4%。

看着生气的皮蓬，乔丹微笑着纠正说：“不，皮蓬，你投得更好一些。你的动作规范、流畅，你很有天赋，以后会投得更好。但我投三分球时有很多弱点，我扣篮主要用右手，而且会习惯性地用左手帮一下忙。可是你左右手投得都很棒，而且不用另一只手帮忙。所以，你的进步空间比我更大。”

乔丹的大度让皮蓬大为感动，此后他一改自己对乔丹的看法，更多的是以一种尊敬的态度向乔丹学习。因此，他们二人都有了不同程度的提高，他们的配合也越来越默契，为公牛队带来了一个又一个辉煌。

看看乔丹，再想想身边那些专事抱怨、报复的人，或者看看我们自己，我们怎能不慨叹？我们又怎能不汗颜？也许现在，你还在为人际关系而痛苦，为成功无望而苦恼。然而在抱怨生活不尽如人意的同时，我们是否应该想到，这一切，源于我们缺乏一种“晒晒”自己的勇气？要知道，有弱点并不可耻，隐藏自己的弱点，不能与合作者彼此坦诚相对，才是真正的可耻，才是最大的弱点。

5. 凡事没有什么不可能的

美国西点军校传授给每一位学员的理念是“没有什么不可能”。它是想让每一位学员都能够积极动脑，在接到任何一项任务时，不管是认为可能完成，还是不可能完成的任务，都要想尽一切办法，付出艰辛的努力去完成，而不是为没有完成任务去寻找借口。

西点军校教官约翰·哈里曾经说过，“没有办法”或“不可能”会使事情画上句号，“总有办法”则使事情有突破的可能。“没有办法”或“不可能”对你没有任何好处，请马上删除这样的想法；“总有办法”对你有好处，所以应把它加入到你的大脑中。心中只要有战胜困难的信念，就没有什么不可能的。

很多人在面对生活或者工作中的挫折和困难时，经常会有退缩、躲避的心理，因为他们认为他们完成那件事情是不可能的。或许是出于对自己的不自信，或许是出于对要做的事情本来就不看好的原因。一般人都会有这种心理，但是成功的人大多做的都是我们常人所认为的那种不可能的事情。这个世界上没有什么是不可能的事情，万事皆有可能。我们之所以认为是不可能的，那是因为我们根本就没有想到过。

或许大家都经常听到周围的人说过这样一句话：“真是不可思议。”我们在这里暂且不说这句话所蕴涵的感情色彩，单单从文字表面看，之所以说不可思议，也就是出乎意料的。凡是出乎我们意料的事情，大多都是我们认为不太可能的事情，但是这样的事情却天天在我们的身边发生。那些我们认为不可能的事情，每天都在身边用事实向我们证明：没有什么不可能。

在美国西点军校，新生的第一课，都会是来自一位高年级学员的大声训导。不管什么时候遇到学长或军官问话，只能有四种回答：“报告长官，是”、“报告长官，不是”、“报告长官，没有借口”、“报告长官，我不知道”。除此之外，不能多说一个字。西点军校奉行的最重要的行为准则便是“别用借口代替”，每一位学员都要想尽办法去完成任何一项任务，而不是为没有完成任务去寻找任何借口，哪怕看似合理的借口。让学员学会适应压力，让他们具备不达目的不罢休的毅力。工作中是没有借口的藏身之处的。失败是没有理由的，人生也没有理由。

在非洲中部干旱的大草原上，有一种体形肥胖臃肿的巨蜂。这种巨蜂的翅膀非常小，脖子也很粗短，但是这种蜂在非洲大草原上能够连续飞行250公里，飞行高度也是一般的蜂所不能及的。它们平时藏在岩石缝隙或者草丛里，一旦发现食物就立即出动。当一个地区气候开始变得恶劣，即将面临极度干旱的时候，其他的蜂类此时都是束手无策，而它们则会成群结队地迅速转移到水草丰美的地方。这种蜂因此被科学家们称为非洲蜂。科学家们对这种蜂充满了无数的疑问。

因为根据生物学的理论，这种蜂体形肥胖臃肿而翅膀却非常短小，在能够飞行的物种当中，它是飞行条件最差的。论飞行条件，它还不如鸡和鸭、鹅优越。特别是在蜂的大家族里，它更是身体条件最差的。而根据物理学的理论，它的飞行就更是不可思议了。因为根据流体力学，它的身体和翅膀的比例是根本不能够起飞的！

按照科学家的理论，这种蜂不要说自己起飞，就是我们用力把它扔到天空去，它的翅膀也不可能产生承载肥胖身体的浮力，会立刻掉下来摔死。可事实却恰恰相反，它不仅仅不用借助外界的力量，完全依靠自己的力量飞行，而且是飞行的队伍里最为强健、最有耐力、飞行距离最长的物种之一。科学家们从来也没有遇到过对科学这样残酷的挑战，因为在这个小小的物种面前，所有关于科学的经典理论都不成立。

其实没有什么奇异的秘密，它们天资低劣，但是它们必须生存，而且只有学会长途飞行的本领，才能够在气候恶劣的非洲大草原生存。而那些条件稍微好些的物种就不同了，它们天资好些，它们会飞行，它们也就不再刻苦练习求生的本领了。

由巨蜂的故事我们不难看出，没有不可能的事情，之前之所以认为不可能，是因为很多人还不具备看透现象的能力。其实生活在缝隙中的很多人在一些事情面前所想表达的正是：这是不可能的。当巨蜂面临生死存亡的选择时，它们做出了我们认为的不可能的事情。人的潜力也是无限的，但是很多人总是喜欢自我设限，这在无形之中给自己找了一个失败的借口。任何人都可以推脱说自己失败的原因是这件事情是根本不可能完成的，其实只要自己心中抱有希望，那么就没有什么不可能。

我们之所以说一件事情很难，往往是因为我们并没有尽到自己最大的努力。虽然我们嘴上说自己已经“尽力”了，实际上我们的能力还没有发挥出来。之所以说难，其实只是自己不愿意战胜困难而已。

6. 竭尽全力，做足100分

遭遇挫折并不可怕，可怕的是因挫折而产生的对自己能力的怀疑。只要精神不倒，敢于放手一搏，就有胜利的希望。但是很多人在困难面前还没有付出自己最大的努力，便急忙放弃。世上无难事，只怕有心人。只要你有战胜困难的一颗心，那么，就没有什么难的。在说一件事情难办之前，我们首先应该先问自己，已经竭尽全力了吗？

在面对眼前的困难的时候，先把“不可能”放到一边，只想自己是否竭尽全力。学会想尽一切办法、尽一切可能去努力解决掉问题。世界上没有“天大的问题”，任何问题都可以解决；没有天大的困难，只有面对困难时没有尽力造成的遗憾和悔恨。

遇到困难就拿出100%的努力来解决，不要给自己的人生打折扣。如果将面对困难时的努力打折扣，那么你的成功也会打折扣。24岁的海军军官卡特，应召去见将军海曼·李科弗。将军让卡特挑选任何他愿意谈论并且擅长的话题，然后将军再和卡特去讨论，结果每次将军都把他问得直冒冷汗。卡特这才发现自己懂得实在是太少了。在谈话结束的时候，将军问他在海军学校的学习成绩怎样，卡特立即自豪地说："将军，在820人的一个班中，我名列59名。"将军皱了皱眉头，问："为什么你不是第一名呢，你竭尽全力了吗？"此话如当头棒喝，影响了卡特的一生。此后，他做任何事情都竭尽全力，后来成为了美国总统。竭尽全力，就是要把意识的焦点对准如何解决问题，不给自己任何敷衍和偷懒的借口。

土光敏夫是影响日本经济界的人物之一。他在重整东芝公司时，遇到了资金不足的困难。因为当时正处于战后困难时期，要筹到足够的资金简直难于登天，就是一小部分的启动资金也是不可能的。他去银行申请贷款，但银行部长却对他爱答不理。经过他不断的努力，部长的态度比以前好些，但对贷款的事情却绝口不提。

时间不会停止以等待他去筹钱，如果在两天内仍然没有资金投入，那么，公司将不得不全线停工。土光敏夫想了很久，终于决定破釜沉舟，要想尽一切办法迫使部长答应。他让秘书给他拿来一个大包，在街上买了两盒盒饭放在里面，然后提着包赶到银行。一见部长，他就开始跟部长谈，希望给他贷款。但对方仍是不答应。双方又展开了一场舌战，不知不觉已经到了中午下班的时间。

部长一看下班了，如释重负，提起公文包准备回家吃饭。不料土光敏夫却从包里拿出盒饭说："部长先生，我知道你工作辛苦了，但是为了我们能够长谈，我特意把饭准备好了。希望你不要嫌弃这寒酸的盒饭。等我们公司好转后，我们会再感谢你这位大恩人的。”面对土光敏夫的执著，部长真是无可奈何。但也正是因为他的这份坚毅，部长最终批准了他的贷款申请。

在面对一些困难的时候，我们往往认为自己已经尽力了，但实际上我们并没有竭尽全力。我们之所以说事情难办，就是因为我们没有尽到最大努力。我们说自己已经尽力了，实际上我们并没有把全部潜力发挥出来。所以，面对问题和困难的时候，我们永远不要先说难，而要先问一问自己是否已经竭尽全力。

难，是我们用来拒绝努力的常用理由。但是，问题真的是那么难解决吗？关键的一点，就是先把“不可能”的想法放在一边，而只想自己是否完全尽力，是否想尽了一切办法，想尽了一切可能。如果将心灵的焦点对准“难”，那么大脑也会随后找出千万个理由，证明真的很“难”，人就很容易屈服，面对如此“难”的问题很自然地就产生畏惧心理，畏惧使人无法冷静地应对问题，甚至导致行动的瘫痪。所以当你面对困难的时候，先不要问难不难，而要想自己是否尽了最大努力，这样你就会把注意力集中在尽力挖掘自己的潜能上，这样反倒更容易解决问题。

很多人在面对困难的时候，总是会发出这样的声音，“我真的是尽力了，我真的是无法再往前走一步了”，“我真的是尽力了，这是我能做到的最好的状态了”。其实，这不过是不愿意接受挑战的借口。这只是他们内心里的自我设限，认为自己已经尽力。其实这仅仅是一种假象。其实很多人的无法竭尽全力都是因为这种“我已尽力”的假象。

被日本经济界誉为“经营之圣”的稻盛和夫，在他所创办的京都陶瓷公司刚创业不久的时候，就接到著名的松下电子公司的显像管零件U型绝缘体的订单。因为公司刚创办不久，这份订单对于他们来说意义非凡，所以京都陶瓷公司对这份订单非常重视。但是，与松下公司做生意绝非易事。商界对松下电子公司有这样的评价："松下电子会把你尾巴上的毛拔光。"

对待京都陶瓷这样的新创办公司，松下电子公司看中其产品质量好，给了他们供货的机会，但在价格上却一点都不含糊，且年年都要求降价。对此，京都陶瓷公司的一些人开始灰心，因为他们认为："我们已经尽力了，再也没有潜力可挖，再这样做下去的话，根本无利可图，不如干脆放弃算了。"稻盛和夫认为这一难题确实很难解决，但是，就这样屈服于困难，是给自己找借口。

于是，稻盛和夫在分析了公司的情况后，经过思考，终于想到了解决问题的方法。公司创立了一种新的管理方式，叫做"变形虫经营"。其具体做法是将公司分为一个个的"变形虫"小组，作为最基层的独立核算单位，将降低成本的责任落实到每个人。即使是一个负责打包的老太太，也都知道用于打包的绳子原价是多少，明白浪费一根绳会造成多少损失。这样一来，公司的营运成本大大降低，取得了可观的利润。后来，京都陶瓷公司成为日本最著名的高科技公司之一。

有些困难的确非常顽固，想了很多办法，仍然无法解决。于是有人便认为"已到极限"，再去努力也是白搭。其实，当你真正经过一番努力就会知道，所谓"难"，只是你自己的"心灵桎梏"，只是自己给自己找的借口。潜能是在不断的努力中慢慢开发出来的，所以越是努力，开发的潜能就会越来越大。

努力不够，当然也就不知道自己的潜能到底有多大。所以，我们在面对困难的时候，要竭尽全力，把自己的焦点对准解决问题。要从"我已尽力"的假象中把自己解放出来。这样你就会发现，原来那所谓的困难也不过如此。

7. 不要让借口压抑了自身的潜能

借口是掩饰缺点、推卸责任的“万能器”。很多人把宝贵的时间和精力放在了如何寻找一个合适的借口上，而忘记了自己的职责和使命。借口还是一张敷衍别人、原谅自己的“挡箭牌”，助长了自己的懒惰麻痹思想，扼杀了创新进取的精神。更为可怕的是，借口就像一朵美丽的罂粟花，经常品尝它，人会变得消极颓废，不思进取，最终会走向失败甚至毁灭。

很多人都有过类似的经历。在中学时代，当我们考试成绩不理想被家长询问的时候，我们会说自己太笨了。在大学时代，当我们被问到为什么考试这么差的时候，我们可能会说自己太倒霉了。在参加工作之后，当单位里有人因为一些小小的贡献被领导表扬的时候，我们可能又会说，学历没有人家高，技术没有人家高，当然没有自己的分了。

其实，不是你太笨，不是你运气不好，也不是学历不如人，技术不如人；而是你在自己的意识里为自己的潜能设定了一个极限，没有尽自己的努力去挖掘自己的潜能，让自己的潜能一直处于酣睡的状态下。

人的潜力是无限的。在生活或者工作中，潜力以多种形式存在着。遗憾的是我们常常熟视无睹，因此失去了创造力的基础。我们每个人对自己的创造力了解得太少了。心理学家詹姆斯曾经说过：“我们所知道的仅仅是我们头脑和身体资源中极少的一部分。”

由此可见，我们每个人的潜力就像是漂浮在海面上的一座冰山，我们看到的仅仅是露出海面极小的一部分冰山的角，而巨大的冰山却隐藏在海水的下面，被我们忽视。如果我们能意识到这一点，就会对自己的创造力充满信心，唤醒自己的潜能。

有一个人下班后想抄近路回家，回家的途中要经过一片墓地。他不小心掉进了一个坑里，但是不管他怎么努力，始终都无法从坑里爬出来。经过几番的努力之后，他终于放弃了，瘫软在坑里。这个时候有一个醉汉摇摇晃晃地走过来，竟然也掉进了坑，醉汉同样也是手脚并用，使劲地往坑外爬。等醉汉折腾了好久之后，这个之前掉进来的人终于忍不住了，在黑暗中摸到了醉汉的脚，便抓住醉汉的脚，对醉汉说：“老兄，别爬了，我试过了，根本爬不出去。”只见话音未落，醉汉却三下五除二地爬了出去。

可见，人的潜能在一定的情况下是会被激发出来的，而这激发出来的能量可能会完成你平时根本无法完成的事情。科学家发现，人类大脑内储存的能量大得惊人，比电子计算机高100倍，可以容纳5亿本书的知识。人平常用到的仅仅是大脑中极小的一部分。当人能用到自己大脑一半的能量时，可以轻易学会40种语言，背诵整本百科全书，拿到12个博士学位。

马克思通晓欧洲各国家的语言，恩格斯能说出20种，爱迪生能做出2000项发明，茅盾能背诵整本《红楼梦》，南京哑女周婷婷能够背诵圆周率小数点后1000位。根据资料分析，人的潜能开发几乎是无穷无尽的，伟大的科学家爱因斯坦的潜能发挥也还不到10%。这些不争的事实都告诉我们，潜能真的是一座巨大的矿山，需要我们自己去挖掘属于自己的宝藏。

在我们做任何一件事的时候，都应该尽自己最大的努力，尽可能地开发自己的潜能，去挑战自己的极限，突破自己。而找借口去推托，只会让自我价值不断减少，由此造成的损失对于我们自己来说才是最大的。所以，不要让你的潜能酣睡，更不要拿一些冠冕堂皇的借口来当做“挡箭牌”。这面“挡箭牌”不会为我们挡住任何的困难和危险，只会挡住我们通往成功的那条路。

8. 潜能需要发现，更要积极表现

任何成功者都不是天生的，成功的一个最根本的原因就是成功者尽可能多地开发了他自身无穷无尽的潜能，将一个又一个“不可能”踩在了脚下。

人类的潜能犹如地下之水，只有深层挖掘，人们才能品尝到这水的甘甜。记住培根说的这句话吧：“超越自然的奇迹，总是在对逆境的征服中出现的。”我们大多数人的体内都潜伏着巨大的才能，但这种潜能一直酣睡着，只有激发它，才能做出惊人的业绩来！

迪士尼玩具公司首席顾问玛丽娅的故事很富有传奇色彩。在她6岁那年的圣诞节，父亲要送她一件礼物，于是就带她来到世界著名的迪士尼公司经营的一家玩具城，让她自己挑选。平时小玛丽娅就特别喜爱玩具，但由于家庭拮据而买不起，她就经常自己用橡皮泥捏成各种各样的小动物。她的橡皮泥玩具几乎每天都有新的花样在翻新。

来到玩具城后，玛丽娅一件玩具也没有看中。她的这一怪异现象恰好被站在一旁的玩具公司老板唐纳德发现了。这位美国玩具商耐心地听完玛丽娅不喜欢店里玩具的原因后，将她领到自己的办公室，把她刚刚指责的玩具一样样摆在桌子上，又派人为玛丽娅取来橡皮泥，让她按自己的想象为那些玩具改变形象，结果让唐纳德大为折服。他立即与这位只有6岁的女孩子签订一项长期合同，破天荒地聘请她为玩具公司的顾问。

后来，迪士尼公司为充分发挥和挖掘玛丽娅的天赋和潜能，每当世界各地有玩具展销活动时都要带上她，使她眼界大开，对各种玩具提出的意见和见解也更加准确，更能切中要害。经玛丽娅参与设计的玩具给公司带来了丰厚的利润。

在玛丽娅15岁的时候，她作为世界上最年轻的亿万富翁和最年轻的商人而被载入《吉尼斯世界纪录大全》。

由此我们可以看出，一个人的才能大小不在于他的年龄大小，而在于对天赋和潜能的合理开发。由于迪士尼原来那些玩具设计者早已是成年人，失去了对童心的直接反应能力，所以目光陈旧，缺乏激情和新意，而玛丽娅恰恰能弥补这方面的不足。

美国心理学家德西曾经长期针对世界上一些大的公司进行研究。在研究结果中他向我们揭示了以下内容：

（1）员工并不是天生就厌恶工作，只会因工作而成熟，更加独立自主，能力得到更好的开发，身心得到更好的满足。

（2）员工为了自己心目中的目标，按自我价值判断而工作，能自己支配自己，是可以主动地把自己的目标与组织的目标统一起来，做到两全其美的。

（3）通过引导，人能够学会接受责任，直至寻求责任。大多数人都具有相当程度的想象力、智力和创造力，但在实际工作中，一般人的潜力往往没有得到充分发挥。

人类的潜能犹如地下之水，只有深层次挖掘，人们才能品尝到这水的甘甜。这又不由得让人想起了石油。石油滚滚喷涌而出靠的是巨大的压力，压力越大，喷涌得越猛。

人生又何尝不是如此呢？困难、失意、挫折、消沉和经受的各种磨难不也时常在困扰我们吗？只要你抱着积极的心态去开发你的潜能，去想办法，你就会有用不完的能量，你的方法就会越来越多。

9. 翻过困难的山，前路一马平川

中国有句俗话叫“三十年河东，三十年河西”，说的就是没有事物是一成不变的。也许有人说自己现在是一无所有，微小得像只“蚂蚁”；也许有人说自己付出那么多，但还是没有成功。成功确实需要付出，但付出不一定能成功。这是为什么呢？主要是我们没有找到正确的方法。只要我们积极努力地去付出，同时善于寻找方法，那么我们就能慢慢地强大。总有一天，“蚂蚁”会变成“狮子”。

丹尼尔·洛维格是美国著名的船王，可以说他的一生从无到有，乃至到他后来拥有数十亿美元的资产，都和他善于寻找方法从而获得巨大成功的特点息息相关。

一天，他来到大通银行贷款，银行工作人员看到他衣着破烂，又没有任何的东西做抵押，所以很自然地拒绝了他的申请。但是聪明而又执著的洛维格并没有因此而放弃。他千方百计通过多种途径，总算见到了该银行的总裁。他对总裁说，他用贷款把货轮买到后，就立即把它改装成油轮，而且他已经跟一家石油公司联系好了，把它出租给石油公司。石油公司将每月付给他租金，这样他就可以用来分期还他要借的这笔贷款。他说他可以把他和石油公司的租契交给银行，再由银行去向那家石油公司收租金，这样就等于在分期付款了。

很多银行听了洛维格的想法，都觉得荒唐可笑，不可能实现，且无信用可言。但是大通银行的总裁却不那么认为。他觉得，虽然洛维格是一文不名，同时没有什么信用可言，但是那家石油公司的信用却是非常可靠的。如果石油公司同意拿着他的租契去找他们按月收钱，这自然是十分稳妥的。

就这样，洛维格终于贷到了第一笔款。他买下了他所需要的旧货轮，把它改成油轮，并把油轮租给了石油公司。同时他也赚到了他人生的第一桶金，然后不断地发展，最终成了美国著名的船王。

可以说，洛维格的成功与精明之处，就在于他利用那家石油公司的信用来增强自己的信用，从而成功地达到了他贷款的目的。

所以，只要找到方法，许多难题将会变成成功的有利条件，从而为我们创造更多可以脱颖而出的成功机会。因此在工作之中，我们一定要为困难去主动寻找方法。只有这样，成功最终才能属于你。

第八章

找最好的借口，不如做最棒的自己

世界上无数的失败者之所以没有成功，主要不是因为他们才干不够，而是因为他们不能集中精力、不能全力以赴地去做擅长的工作。他们浪费掉了大量的精力，而自己却从未觉悟，最后只得用借口堂而皇之地推脱。与其如此，不如全面地评估自己，调整自我，做最好的自己。

1. 选择适合自己的目标

所谓目标，就是我们所期望的成果。很多人终其一生都在埋头苦干，但成功与否并不在于人们有多么宏伟的蓝图，而在于人们是否选择了正确的目标。目标错了，你的人生无异于南辕北辙，你的青春和汗水只能被浪费。

什么样的目标才是正确的目标呢？简单来说，就是适合自己的目标。

有一个美国小女孩，从3岁时便开始接受音乐教育，4岁时她已掌握了一些简单的钢琴曲。16岁那年，她考入了丹佛大学音乐学院，梦想成为一名职业钢琴家。然而就在当年夏天，她却放弃了这一梦想。因为在著名的阿斯本音乐节上，她遇到了有生以来最残酷的竞争。一位刚满11岁的孩子，只看一眼曲谱，就能演奏她要练上一年才能弹好的曲子。一向颇为自负的她感觉到了自己的巨大差距，于是她鼓起勇气向父母解释说："对不起，我改变主意了。我不再想成为一个钢琴家。"父母表示接受女儿的决定，但她自己的心中却像堵了一块巨石。

好在不久，她就发现了新的目标——"国际政治概况"课程。她的导师也认为她是这一领域难得的千里马，因此尽其所能地指导她，将她引向了国际关系和苏联政治学领域。19岁时，她便获得了政治学学士学位。26岁时，她获得博士学位。由于精通4门语言，她很快成为了斯坦福大学的助教，专攻苏联军事事务。33岁时，她已经成为一名杰出的教授。1987年，在一次晚宴上，她简短而有特色的致辞引起了时任国家安全事务助理的布伦特·斯考克罗夫特的注意。从此，她在政界青云直上，直至成为美国历史上第一位黑人女国务卿。她就是创造了黑人女性历史的康多莉扎·赖斯。

获得成功的道路有很多条，我们不能在死胡同里浪费时间和精力。赖斯，就是最好的例子。从一个备受歧视的黑人孩子成长为叱咤风云的政坛明星，这期间赖斯的努力大家有目共睹。她善于自省、勇于放弃，并重新选择的能力，无疑更值得我们深思。倘若当年她不能放弃自己的愿望，那么她今天至多也就是一个普通的钢琴家。所以，在人生路上选择正确的目标才是首要关键。

著名经济学家张五常也有过类似的经历。张五常小时候非常喜欢打乒乓球，自以为有这方面的天分。有一次，他碰到了一个小孩子，对方虽是初学，而且个子矮得只能踮着脚尖拍球，但是拍得啪啪直响。张五常便走上前去，教他打乒乓球。谁知这个小孩一教就会，不教的也会。不到两个月，张五常就发现自己已经不是他的对手，而且往往输得莫名其妙。由此，他意识到自己在打乒乓球方面并没有什么天分，转而投身其他领域，最终在经济研究方面取得了令人瞩目的成就。而那个小孩子，就是后来的世界冠军容国团。

后来，张五常离开香港去北美发展，临行前容国团教了他几手发球的绝活。第二年，他就在加拿大拿了个单打冠军。后来，他在美国加州大学与一位教授打赌，谁在乒乓球桌上赢了对方，谁的经济学水平也就更高一筹。结果，那位颇有把握的教授一连输了10局。对方吃惊地说："你怎么不去打乒乓球呢？你可以去争取世界冠军的。"张五常笑着说："你真是笨死了，我怎么打得过容国团呢？"

张五常为什么不去当乒乓球运动员？很显然，这不是他去不去的问题，而是球队收不收他的问题。同样的道理，虽然很多目标看上去很令人激动，但是并不一定适合你。

生活中，很多人都知道天道酬勤、勤能补拙的道理。这话不假，但是我们不禁要问："与其用勤补拙，那么为什么不把精力用在你原本就很优秀的方面呢？更何况，有些拙并不是一味地下苦功就能补上的，有些事并不是只有勇气和魄力就能决定的。"

所以，我们在设定人生目标时，要结合自身条件、外部环境等主客观因素，切实考虑目标的可操作性。谁不想"乘长风破万里浪"？可是如果你没有丝毫的航海知识的话，你的那些远大的目标往往会让你葬身海底。

2. 演好自己的角色，为世界增添亮色

角色是戏剧、电影、电视等艺术领域的专用术语。一场戏中，通常有主要角色（主角）和次要角色（配角）两种，把它借用到社会学中，便有"社会角色"一说。有道是"舞台小社会，社会大舞台"，小到一个家庭，大到一个企业，直至整个社会，要想保持稳定和谐，都需要每一个参与者密切配合，也即要求每个人自觉地扮演好自己的角色，不论你的角色多么糟糕。

新学期开始后，县中学转来一位女孩儿。看她的衣着，就知道她是普通农民家的孩子。女孩有着农家孩子的朴实和勤奋，听课专

心，发言踊跃，让班主任于老师非常欣慰。

可是几天后，于老师注意到，女孩儿总是低着头走路，有时眼睛还红红的。有同学欺负她，还是想家了？带着疑问，于老师把女孩儿叫到了办公室。

经过一再追问，女孩儿说出了实情：这几天她发现自己无论是穿着还是学习都不如其他同学，总认为自己低人一等，觉得父母花这么多钱让她来县城读书，最终恐怕会让父母失望。

“是这样啊。那老师给你讲个故事。”说完，于老师给她讲起了前不久看过的一个小故事。故事发生在英国一个小镇上。为了募捐，玛莎所在的学校准备排练一部叫《圣诞前夜》的话剧。得知消息后，玛莎第一个去报名要求当演员。她的目标是出演剧中的女儿。但是到定角色那天，玛莎却一脸冰霜地回到了家，因为她被告知，她的角色是一只狗。整个晚饭时间，玛莎不是抱怨牛排太咸，就是埋怨土豆太淡，搞得一家人都没了胃口。饭后，爸爸把玛莎叫到书房，两个人谈了很久。虽然他们拒绝透露谈话内容，但是第二天人们又看到了那个快乐的玛莎。她不仅没有拒绝演狗，还买来了护膝，以便更好地排练。

终于到了演出的那一天。从头至尾，玛莎穿着一套毛茸茸的道具，手脚并用地在台上爬来爬去，还不时伸个懒腰，晃晃脑袋，动作惟妙惟肖，精湛的表演吸引了所有观众的眼球，虽然她从头至尾没有说过一句台词。

后来，玛莎向人们透露了她和爸爸那天晚上的谈话内容。爸爸说：“如果你用演主角的态度去演一只狗，狗也会成为主角。”说到这里，于老师加重语气说：“命运赐予我们不同的角色，与其怨天尤人、自暴自弃，不如全力以赴，演好自己的角色。因为再小的角色也有可能变成主角，哪怕你连一句台词也没有。”

西方人说，“人类一思考，上帝就发笑。”诚然，在生活的舞台上只有极个别能够预知未来的好导演，大多数人都在平凡的生活中演绎着自己。那是最本色的演出，又有谁能说我们不成功、不幸福呢？

德怀特·戴维·艾森豪威尔是美军历史上唯一当上总统的五星上将。在美军历史上，他晋升速度“第一快”；在历届总统中，他出身“第一穷”。从一个平民之子到举世瞩目的美国总统，艾森豪威尔凭的是什么？用他自己的话说，这一切源于年轻时的一件小事：

有一次晚饭后，艾森豪威尔和家人一起玩纸牌游戏。他的手气很糟糕，一连几把牌都很烂。当他再次抓到一把烂牌时，他变得很不高兴，开始抱怨上帝。这时他的母亲停了下来，正色对他说道：“如果你想玩，就必须用你手中的牌玩下去，不管那些牌是好是坏。”

艾森豪威尔一愣，母亲又说：“人生也是如此，发牌的是上帝，不管牌怎样你都必须拿着。你能做的就是尽全力打好手里的牌，求得最好的结果。”

很多年过去了，艾森豪威尔一直牢记母亲的话。对生活，他从未存有任何抱怨，因为他总是能以积极乐观的态度去迎接命运的挑战，尽力做好每一件事。最终他成了美国总统。

无论是演戏，还是打牌，既然选择权不在我们手里，那么就永远不要抱怨。因为怨天尤人只会让你徒增烦恼，不能解决任何实质问题。

我们能够做的、应该做的，是学会适应并改变它。只要不抱怨，任何角色都可以让你更精彩；只要肯努力，再烂的牌也有可能会赢。

3. 要想取得成功，准备多下苦功

俗话说："吃得苦中苦，方为人上人。"一个人要成为杰出的人才，就得付出比别人多几倍的努力；要想在关键时刻脱颖而出，那就要在平时比别人多走几步路。

不要因为聪明就不努力，学学比尔·盖茨吧。不要认为不公平，也许只是自己做得不够。也许在我们的印象中，有天赋的人，总能创造出奇迹来。但是，那些奇迹，仅仅只是靠天赋的吗？

毫无疑问，比尔·盖茨是这个时代最聪明的人之一：抓住了信息时代发展的潮流，选择软件行业进行创业，而且擅长与资本市场结合。凡此种种，都说明他是一个智力超群的人。

然而，他是一直就这样聪明的吗？或者说，他是怎样变得这么聪明的呢？

一位微软的高级管理者曾经透露了一些比尔·盖茨年轻时的故事。在比尔·盖茨读中学时，有一次，老师布置写一篇作文，规定要写5页，比尔·盖茨竟然写了三十多页。还有一次，老师让同学们写一篇不超过20页的故事，比尔·盖茨竟洋洋洒洒写了一百多页，让老师和同学们目瞪口呆。

原来，天赋如此高的人，为了追求成功，也下过这样的"苦功"。

著名作家胡适说："聪明人更要下苦功。"

为何需要下苦功呢？天赋高的人，假如不努力开发，天赋也有可能被埋没。在这个世界上，应该说中等智力的人占大多数。所以当我们的天赋不高时，必须加倍下“苦功”。

你要获得多大的成功，就得付出多大的努力；你要成为杰出的人才，你就得比别人多付出几倍的努力。

我们不妨再来看另外一个美国传奇人物阿诺·施瓦辛格的故事。

阿诺·施瓦辛格从一个瘦小子一举成为全世界最著名的健美明星，荣获第3届环球先生与第7届奥林匹克先生称号，后来又成为银幕上的大牌明星。而其根本原因之一，就在于他付出了比平常人更多的代价。

在他的书中，他这样阐述了他那并不神秘的“成功秘诀”：要肌肉增长，你必须有无穷的意志力。你必须挨得痛，你不能可怜自己，稍痛即止；你要跨越痛苦，甚至爱上痛苦，甘之如饴。人家做10下的动作，你要加倍，做足20下。还有，你要用不同的方法，从不同的角度锻炼你的每一组肌肉，令它没有办法不强壮，没有办法不结实。不要松懈、不要懒，没有坚强的意志，你是不会成功的。

1975年，阿诺宣布退休，不再比赛。5年后，有制片人邀请他主演一部耗资数千万美元的《霸王神剑》。而当时的他，由于已退出比赛，身材只有5年前的2/3。为了恢复最佳状态，阿诺决定参加当年的奥林匹克先生竞赛。

这一决定震惊了整个健身界。按常理，要成功是绝对不可能的，何况此时距比赛只有数月。但是他再次以超人的意志，全身心投入训练，日以继夜，用无比的毅力和斗志，将肌肉“逼”了出来，在比赛中再次以最佳的状态胜出。通过这次奥林匹克先生竞赛的成功，他创造了七摘桂冠的前无古人的纪录。

所以，别抱怨不公平，或许是你自己做得还不够。

其实有一些人不是不愿意为自己的理想付出努力，但是，却总希望只付出一点努力就成功。

曾经有一位画家去拜访世界著名画家门采尔，一见面就诉苦说：“我用一天画了一幅画，卖掉它却花了我整整一年的时间。”

门采尔认真地说：“朋友，你不妨倒过来试试。用一年时间去画一幅画，那么一天的时间，你准能卖掉它。”

齐拉格说得好：“只有失败者希望马上成功。因为最佳行为者懂得，成功是通过从部分成功中吸取经验而一步步取得的。因此，任何事情在做好之前都要努力去做。”

所以，我们的信心应该是：只要我付出和别人一样的努力，我也一定行。而如果我付出了比别人更大的努力，我就更行。

4. 为理想赋予使命，为成功注满自信

一个人想要成功，就不要畏惧困难，也不要害怕失败，更不要为失败找这样或那样的借口。只有学会找方法，为你的成功去积极地想办法，成功才会属于你，你也才有可能像他们那样成就大事业。

古今中外，人们无时无刻不在做着成功的梦。莘莘学子梦想着取得优异的学习成绩；劳动的人们梦想着有一天过上健康富裕的生活……所以，成功是每个人心中最崇高的梦想。

但是在现实社会中，人们却总是说事容易做着难，最终能够获

得成功的人凤毛麟角。于是，成功就成了人们一种奢侈的向往了。当通过多少年的努力，依然没有看到成功的希望的时候，人们的思维不免总是深陷在疑惑的沼泽：“我能成功吗？什么时候可以成功？”在这一连串疑问的后面，紧跟着的是怀疑和松懈。于是，人们开始放弃了。当梦想的火炬熄灭、激越的心灵被蒙上厚厚的灰尘的时候，成功也就真的永永远远地离你而去了。其实，成功离你并不遥远，成功就近在咫尺、触手可及。只是你暂时没有找到触摸成功的方法而已，只要你找准了方法，那么成功就不再遥远，辉煌事业也就在眼前。

英国作家毛姆未成名前穷困潦倒、可怜兮兮，出版的很多小说充斥书堆，无人问津。经过思考，毛姆决定改变自己的处境。他在报纸上登了一则启事，上书：本人是百万富翁，喜欢文学，想找一个与毛姆小说里的女主人公一样的人为妻。

广告登出后，伦敦书店里积压的毛姆小说三天内全部脱销，毛姆也一举成名。

办企业，缺少资金是经常碰到的事。假如你开办的企业，前景很好，但是突然缺少资金了，从银行借不到，从别的地方也难以筹集，这时候你会怎么办？如果一时想不出更好的办法，那么，希望下面的这个故事，能够给你些启示。

一次，“酒店大王”希尔顿在盖一座酒店时，突然出现资金困难，工程无法继续下去。在没有任何办法的情况下，他突然心生一计，找到那位卖地皮给自己的商人，说自己没钱盖房子了。地产商漫不经心地说：“那就停工吧，等有钱时再盖。”

希尔顿回答：“这我知道。但是，假如老盖不下去，恐怕受损失的不止我一个，说不定你的损失比我的还大。”

地产商十分不解。希尔顿接着说：“你知道，自从我买你的地皮盖房子以来，周围的地价已经涨了不少。如果我的房子停工不建，你的这些地皮的价格就会大受影响。如果有人宣传一下，说我这房子不往下盖，是因为地方不好，准备另迁新址，恐怕你的地皮更是卖不上价了。”

“那你要怎么办？”

“很简单，你借钱帮我将房子盖好。我当然要还给你钱，但不是现在给你，而是从营业后的利润中分期返还。”

虽然地产商大不情愿，但仔细考虑，觉得他说的也在理。何况，他对希尔顿的经营才能还是很佩服的，相信他早晚会还这笔钱，便答应了他的要求。

在一些人眼里，这本来是一件完全不可能做到的事，自己买地皮建房，但是最后出钱建房的，却不是自己，而是卖地皮给自己的地产商，而且借的钱还是从以后的营业利润中还。但是，希尔顿做到了。

为何希尔顿能够创造这种令常人觉得不可思议的奇迹呢？他巧用了一种方法。其中最根本的一条是他明白与对方并不只是一种简单的地皮买卖关系，而是处于一种一损俱损、一荣俱荣的利益共同体系中。

那些成功的人之所以能成功，是因为他们学会了在各种环境中去寻求问题的解决方法。他们不愿意看到自己被困难压垮，更不愿意被问题吓倒。相反，他们总是冷静地去思考，实事求是，从各个角度去深入地研究问题、分析问题，用自己和大家的才智想方设法地寻求解决的办法。所以一个人想要成功，就不要畏惧困难，也不要害怕失败，更不要为失败找这样或那样的借口。只要学会找方法，为你的成功去积极地想办法，那么成功就会属于你。

有一位著名作家曾说：“这个世界为那些具有真正的使命感和

自信心的人大开绿灯。无论出现什么困难，无论前途看起来是多么的暗淡，他们总是相信能够把理想图景变成现实。”因此，我们必须树立远大的目标，培养伟大的使命感，用积极主动、勤奋的思想去展望美好的人生目标。

5. 避免走进自我定位的盲区

时下有一句流行语，叫做“有什么样的定位，就有什么样的人生”。大意是说想成为成功人士，首先需要为自己选择一个明确、具体的目标，比如你想拥有多少金钱，拥有什么样的社会地位，取得什么样的成就等。毫无疑问，一个有了自己人生定位并能为之付出不懈努力的人，相对来说肯定比那些飘忽不定、内心迷惘的人更容易接近成功。可是反过来说，就算你自己定位了，如果自我定位不切实际，或者你缺乏健康良好的心态，同样也不会取得成功。

众所周知，现在普遍存在着大学生就业难的问题。在全球金融危机日益严重的今天，在每年新增数百万大学毕业生的今天，就业危机是不可回避的，而且在一定时间内不可能得到100%的解决，甚至会更加严峻。但是另一方面，我们的“天之骄子”们在抱怨压力大、竞争激烈的同时，是否曾经考虑过自己的自我定位存在误区呢？或者说，你是不是一个眼高手低的人？

小王是某省师范大学的毕业生，在校期间各门功课成绩都很优异，毕业后却被分配到了一个小县城当老师。一直想留在省城发展的他一下子进入了平庸、烦琐的现实，仿佛从天堂掉进了地狱。为了改变自己的命运，他把全部希望都寄托在了研究生考试上，并将这看成了他唯一的出路。

但是由于诸多方面的原因，他的努力并没有换来期待中的成绩。为了自己的前途，他再次鼓起勇气，凭借着强大的意志再次捧起书本，然而第二次考研仍然没有成功。第三次失败之后，他放弃了努力，每日以酒为伴，几近崩溃。更为严重的是，由于他一心考研，极大地影响了正常的授课。经过研究，校方果断地将他开除了。这一次，他彻底崩溃了。在一个宿醉的深夜，他用一瓶安眠药结束了自己的生命。

丑小鸭能变成白天鹅，那是因为它体内原本就有天鹅的基因。如果只是一只普通的野鸭，或许努力会让它变得更强壮一些，但它永远都不可能飞上蓝天。与其如此，何不选择一条更适合自己的路呢？虽然你做不了五星级大酒店的经理，但是你可以开一家小餐厅。而且随着你的能力的提升，经营五星级酒店也不是梦。努力了却达不到自己的预期目标，除了极少数人会认为是自己努力得不够之外，大多数人都会抱怨社会的不公。

当然，我们的宗旨是激励每个读者走向成功。那么面对激烈的社会竞争，一个人怎样做才能做到稳中求胜、险中求安，最终打拼出一片属于自己的天地呢？在此为大家提供几点建议，希望能有所效用。

（1）积极肯定自我价值，乐观面对压力和挑战，制定出清晰的目标，并及时细化、优化、纠正，甚至放弃目标。

（2）正确看待自己的优势和弱点，理性看待自己的缺点，做到有则改之，无则加勉。

（3）遭遇挫折和失败时，要不断总结经验，及时调整自己的心态，脚踏实地、一步一个脚印地做好每一件事情。

（4）杜绝好高骛远，严禁朝三暮四，更不要试图走好两根钢丝。

（5）善待周围的每一个人，处理好人际关系，不断培养自己的人脉。

总之一句话：没有明确的自我定位不行，自我定位不切实际也不行。唯有找到适合自己的人生目标，并激励自己付出不懈的努力，梦想才有实现的可能。如果拿不准，请记住，保守一点总好过狂妄自大。

6. 利用长处，使自身价值最大化

世界上无数的失败者之所以没有成功，主要不是因为他们才干不够，而是因为他们不能集中精力、全力以赴地去做擅长的工作。他们浪费掉了自己大量的精力，而他们自己却从未觉悟。

有这样一则寓言故事：在广袤的草原上，一只小羚羊忧心忡忡地问老羚羊："这里没遮没拦的，我们又没有锋利的牙齿，难道天生就要成为狮子、老虎的腹中物不成？"老羚羊回答道："别担心孩子，我们的确没有锋利的牙齿，但却拥有可以高速奔跑的腿。只要善于利用，即使再锋利的牙齿，又能拿我们怎么样呢？”

这个故事告诉我们，认识自己，发展并经营自己的长处，你才能更准确地发现自己的最佳才能，找到到达成功目的地最迅捷的途径。

人生的诀窍就是要善于经营自己的长处。每个人都有自己的长处，要想成就一番事业，你就得善于利用自己的长处。长处是人生的一片沃土，成功的种子就埋在它的下面。如果你不在这里耕耘，你就将错失原本属于你最宝贵的东西。

富兰克林说过：“宝贝放错了地方便是废物。”在人生的坐标系里，一个人如果站错了位置——用他的短处而不是长处来谋生的话，那将是非常艰难甚至可怕的。如果让武大郎去做投篮高手，他可能会在永久的卑微和失意中沉沦。

因此，具有一技之长相当重要，即使它不怎么高雅入流，也可能是你改变命运的一大财富。选择职业同样也是这个道理。你无须考虑这个职业能给你带来多少钱，能不能使你成名，重要的是，你应该选择最能使你全力以赴、最能使你的品格和长处得到充分发挥的职业。把自己安排在合适的位置上，经营出有声有色的人生。

市场中的游戏规则是，每一个人依靠为他人提供服务与商品而生存。当有很多人需要你提供的服务，而你又变得不可替代时，你往往就成为一个重要人物。那么如何变得不可替代呢？这就是说，你要培养自己的专长。

你的专长就是你的与众不同之处。这种专长可以是一种手艺、一种技能、一门学问、一种特殊的能力或者只是直觉。你可以是厨师、木匠、裁缝、鞋匠、修理工，等等，也可以是机械工程师、软件工程师、服装设计师、律师、广告设计人员、建筑师、作家、商务谈判高手、企业家、领导者，等等。无论怎样，如果你想成功的话，你不能什么都不是。

成功者的普遍特征之一就是，他们由于具有出色的专长而在一定范围内成为不可缺少的人物。

大学专业是培养日后专长的重要阶段。选择一条你最适合走的路是一项重要的功课。我们都知道：福特的专长是制造汽车，爱迪生的专长是发明各种令人激动的“小玩意儿”，皮尔·卡丹的专长是服装的设计与制作，曾宪梓的专长是做质量最好的领带，阿迪达斯的专长是制鞋，迪士尼的专长是画动画，盖茨的专长是编写软件与管理，巴菲特的专长是对华尔街的历史与现状了如指掌。上面所提到的这些人一开始都不能算是重要人物，但由于他们专长的不断发展，加上其他条件的配合，他们获得了成功。

为了发展你的专长，从今天开始你要做到两点：

（1）利用一切可能的机会提高自己专业领域的知识与技能。你要努力做更可口的菜，你要努力制造质量更好的机器，你要努力编写更实用的软件，你要努力写更漂亮的文章。

（2）将专业转化为专长。如果你长期这样做，不仅你的技艺在不断增进，而且你会在一领域建立起自己的信誉。信誉一旦建立，还会为你带来源源不断的财富与名望。

这也就是说，在你有实力经营企业、管理组织之前，先把自己经营好、管理好。成大事者会树立起这样的信念：我依靠比别人提供更出色的产品和服务来换取成功。因此，你不仅要有自己的专长，而且要在这一领域压倒周围的人。一个始终表现平平的人想要在一夜之间脱颖而出是不可能的。

美国人本杰明·格雷厄姆是著名的“现代证券分析之父”。20世纪20年代，他从哥伦比亚大学毕业后，放弃了哥伦比亚大学文学、哲学和数学三个不同的系同时邀请他执教的难得机会，毅然进入证券经纪公司工作。由于他勤奋钻研、细心观察，很快熟悉了证券市场的运作技巧。

1929年股市暴跌时，他运用自己发明的证明投资价值评估方法，帮助客户避免了资金的巨大损失，因而声名鹊起。1934年，他和戴维·多德合著了《证券分析》。有些学者把它奉为“华尔街的圣经”。《证券分析》奠定了现代证券分析理论的基础。这本书还对证券投资专家沃伦·巴菲特、马里奥·加贝利等产生过很大的影响。为了纪念和表彰他在证券分析领域的卓越建树，美国哥伦比亚大学商学院设立了永久性的“格雷厄姆教授讲座”。

在你自己努力塑造专长的同时，还要注重立足专长，不断拓展自己的知识层面。也就是说，基础知识的广博性与专业知识的精深性相结合，是成功的重要条件。

无论是从事何种专业，在专业知识之外，还需要相应的基础知识和辅助知识，从而形成特定的知识结构。这种知识结构的程度越高，知识结构的韧性就会越强，对工作的适应就会越快。如果你想成为一个令众人叹服的成功者，成为一个才识过人、无人可及的人物，就一定要排除大脑中许多杂乱无绪的念头，然后找出自己擅长的，努力在这方面下工夫。

成功学家通过研究发现，人类有四百多种优势。这些优势本身的数量并不重要，重要的是你应该知道自己的优势是什么，弱势是什么，之后要做的就是敢于放弃弱势，将你的生活、工作和事业发展都建立在你的优势之上。这样，你才会成功。

那么，我们又该如何才能发现自己的这些长处呢？只有不给自己任何借口，认真开始做每一件事情，才能发现自己的长处。借口让人浅尝辄止，在还没有发挥自己最擅长的能力前就放弃了。就好比一个挖井人，他挖了一辈子的井，在上百个地方都尝试过了，但每一次都是只挖到一米，觉得不会有水就放弃了。他一辈子都没有挖出一口有水的井。而另外一个挖井人就在前者曾经挖过的某个地方，向下多挖了几米，很快就打出了一口井。

成功学大师戴尔·卡耐基在年轻的时候曾经想过要成为一名作家，他每天埋头写作，然后把作品寄送给各个出版机构，最后得到的只是一堆退稿信。在尝试过几次之后，他明确地知道自己的天赋并不在此，于是放弃了做作家的梦想。后来他到了纽约又想当演员，可是在接受了演艺训练后，他发现自己的天赋也不在于此处。最后，他终于发现自己的演讲最能激发听众的热情，于是，他把人生的目标定在成为一名成功学导师上。最终，他也的确做到了。

没有经过认真刻苦的努力，就认定自己没有某方面的天赋，这是给自己的懒惰找的借口。哪怕是举世公认的天才，都需要潜心地学习才能取得非凡的成就。莫扎特是世界公认的音乐天才，他没有接受过专业的音乐训练，却谱写了传颂百世的乐章。莫扎特曾说："人们以为我的创作得来全不费工夫，实际上，没有人会像我一样花这么多时间来思考如何作曲，任何名家的作品我都仔细地研究过许多次。"

发挥出自己最擅长的能力，对一个人的成长来说是至关重要的，这个过程既需要踏踏实实的努力，也需要自我判定的能力。一个人不可能在全部领域都拥有出众的能力，同样只要不是先天的生理缺陷，也不可能在所有的领域都落后于人。

艺术大师文森特·梵·高在27岁的时候才开始学习绘画，此前，他只不过是一名普通的艺术作品经销商。从那本他与弟弟的书信集《亲爱的提奥》中，我们可以看出他对商人的生活充满了厌倦，从而下定决心开始学习绘画。与那些从小就接受正规的艺术教育的画家相比，梵·高的早期美术训练基础几乎为零。在27岁那年，他从头开始学习绘画，并在以后的艺术创作中，摒弃了一切学院派的艺术教条，开始纵情地用绘画表达自己的情感，于是才有了绚烂的《向日葵》、浪漫的《星月夜》等不朽的艺术珍品。

梵·高在27岁的时候发现了自己的兴趣以及天赋，虽然他错过了基础美术训练的时期，但正是因为没有经过这样程式化的训练，才使得他最后能够摆脱传统艺术的束缚，以画笔抒发自己最真挚的情感。

每个人的生活经历都是独一无二的，心灵成熟的过程需要不断地自我探索，勇敢地尝试新的领域。只有在这个过程中不给自己任何借口，才能最终找到真正适合于自己的道路。如果梵·高以追求安逸生活为借口，或以绘画基础太差为借口，继续安于做一个商人，他在物质生活上可能会有一定的保障，但他的内心深处永远不会体验到真正的快乐，更不会有那些佳作的问世。发现自己最擅长的领域是个体思想成熟的标志。如果我们准许借口存在，那么就不可能成为一个成熟的人。

人力资源管理学中有一个关于职业选择的建议：一个人从学校毕业进入社会，至少应该经历三次不同的职业选择，选择三种自己感兴趣的职业，逐一尝试一下，看看自己到底在哪种行业内最受欢迎。当然，这样的机会也可以通过在校期间的实习来完成，或者通过一些兼职的机会来尝试不同的领域。通常在经历了三次选择后，大部分的人都可以找到自己喜欢又擅长的行业。

人力资源学的建议并不是让人们放弃自己的事业，而是有理性地选择。因为职业规划是要为以后40～50年选择一个人生目标，那么在最开始的时候，花上2～3年的时间，给自己提供更多的选择机会，以确定对自己最有利的职业。这并不是浪费时间，而是明智的行为。

人不可能只对某一个职业感兴趣，而对其他的都一概排斥。同时，成长经历、教育背景和个人天赋决定了总有一些领域是比其他领域做起来更加得心应手。甘于安逸的人会给自己很多借口，诸如“目前的收入还不错”，“我对工作虽然没有热情，但也不讨厌”，“如果换一个领域会有更大的风险”，等等。但在保住了目前的工作的同时，也放弃了找到自己最擅长的工作的可能性。就像蜗牛不愿意丢下自己重重的壳，因为壳带给它们安全感，一有风雨，随时都可以躲到壳里，但它们也由此变成了行动最迟缓的动物之一。

给自己找借口的人安于现状、不求进取，用潜在的风险作为借口，拒绝更多的尝试和变更；却忽视了每一个人在成功之前都必须经过一段时间的探索，才能找到那条真正属于自己的路。

7. 不谋于众，认为对的就去做

“成大事者不谋于众”不是猖狂，是一种智慧，相信自己的能力，但凡事都应该辩证地看待，所以不能盲目自信。

不谋于众，并不是说脱离集体，它是自己思维与智慧的集中体现，思考时用领袖的思维，行动时如利剑一样尽显锋芒。相信自己的决定是正确的，只有你自己才能决定你的人生与命运，没有一个人为了你的利益活着。

不要受别人的影响而改变自己正确的决定，因为自信是成功的必要条件。一个连自己都不相信的人，会有什么主见？

你可以到别人的大脑里去汲取精华和好的创意、思想，但是，你的决定要自己做主。别人的思想与创意只能优化你的决定，绝不能改变你正确的决定。

有这样一则寓言：从前，有一位画家想画出一幅人人都喜欢的画。画毕，他拿到市场上去展出。画旁放了一支笔，并附上说明：每一位观赏者，如果认为此画有欠佳之笔，均可在画中标上记号。

晚上，画家取回了画，发现整个画面都涂满了记号——没有一笔一画不被指责。画家十分不快，对这次尝试深感失望。

画家决定换一种方法去试试。他又摹了一张同样的画拿到市场展出。可这一次，他要求每位观赏者将其最为欣赏的妙笔都标上记号。当画家再取回画时，他发现画面又被涂遍了记号——一切曾被指责的笔画，如今都换上了赞美的标记。

“哦，”画家不无感慨地说道，“我现在发现了一个奥秘，那就是我们不管干什么，只要使一部分人满意就够了。因为，在有些人看来是丑恶的东西，在另一些人眼里则恰恰是美好的。”

我们的为人处世也经常是按别人的反应来决定，而不是按照自己的意愿去行动。尤其是在向“成功”、“幸福”之类美丽的字眼跋涉的路上，一切似乎已经有了约定俗成的标准。弗洛伊德说：“简直不可能不得出这样的结论：人们常常运用错误的判断标准——他们为自己追求权力、成功和财富，并羡慕别人拥有这些东西。他们低估了生活的真正价值。”

很多人无视你的存在，总是要你往这边走，往那儿去。他们最常挂在嘴边的是“你应当……”、“你不应该……”等等。一般人碰到这类的要求，通常都很难回绝，尤其是如果提出要求的人是你最亲密的伙伴，“不”字就更难开口了。时日一久，这种互动关系定型，形成了一种默契或是彼此的承诺。

某一天对方又要你做这个做那个，而你却坚持己见时，那会发生什么事呢？一方面，对方一定会勃然大怒，认为你违背了双方的承诺；另一方面，如果你坚持不做这些“应该”做的事，你会觉得自己有亏彼此的默契，因而心生愧疚。

你可知道为什么会有愧疚感？这是因为双方过度的情感乞求所致。每当对方要你怎么做的时候，你之所以会顺从他的要求，说穿了，就是想通过这种顺从的表现来得到对方赞许、关爱的眼神，甚至是想要取悦对方。

当这种取悦方法成了你行事的模式以后，拒绝对方的要求一定会让他很不高兴，而你也会觉得很对不起他，想不愧疚都很难。愧疚的感觉很像忧惧，而忧惧就好像是坐在一张摇摇椅上，你就只能这么晃荡着，看起来好像是想要将你摇向什么地方，但却只是在原地摆荡，让你什么地方也去不了。

不要忘了，我们有权利决定生活中该做些什么事，不应由别人来代做决定，更不能让别人来左右我们的意志，让自己成为傀儡。况且，他人并不见得比我们更了解情况，也不会比我们聪明到哪里去，所以，他们所提出的这类“理所当然”的事就很可能不是我们的最佳选择。你的最佳选择还是应该经由自己深入分析、思考之后所作的独立判断来取舍。从现在起，做你自己，不要让别人的“理所当然”控制了你。

8. 做事情要讲究方法和技巧

做任何事情都是要讲究方法和技巧的，只要思想不滑坡，办法总比问题多。有了正确的方法和巧妙的技巧，做起任何事情来都会得心应手，甚至可以扭转乾坤，将不可能变为可能。

我们的生活中总会遇到这样那样的问题，遇到问题并不可怕，因为任何人都不可能是一帆风顺的，关键是在我们面对问题的时候，能够运用自己的聪明才智，找到解决问题的方法。有些人一遇到困难就开始逃避、退缩，这样做对解决问题本身没有任何的意义。问题出现了，总会有解决问题的方法，不怕你做不到，就怕你想不到。

哥白尼提出日心说，被教会处死，但仍然有很多追随者。某天，又有两个追随者被教会的人抓了起来。教皇审问道："太阳为什么是宇宙的中心？你们有证据吗？"第一个人说："《圣经》简直就是胡说八道，地球根本不是宇宙的中心，太阳才是，我用望远镜观察过，我有精确的计算结果，我还有一大堆证据可以证明——"但是还没等他把话说完，就已经被拉出去处决了。

轮到第二个人了，只听到他说："无上的教皇，我尊敬的上帝，请允许我说出自己的言论吧。我相信，仁慈善良的上帝是不会处罚一个仅仅是爱说话的人。"他停了一下，观察后发现教皇没有怒色，于是开始陈述自己的理由："地狱和恶魔是在地下的，地下是黑暗的，而天堂是光明的，上帝就是住在天堂里的。光明的源头就是上帝，但我们见到的光是从太阳发出来的，可见上帝是住在太阳里的，这个宇宙是以上帝为中心的，因此太阳才是宇宙的中心。有人说地球是宇宙的中心，这些人是别有用心的，难道恶魔会是宇宙的中心吗？显然不可能。所以经过我的苦心研究，终于证明了太阳才是宇宙的中心。下面是各种辅助证据……"

教皇听完这番话，若有所思，但仍然没有放过他。教皇之所以让他们说出理由，只是想知己知彼。这个人没有被处决，而是被流放到了一个荒岛。这总比失去生命好多了。同一种意思，换了一种巧妙的说法，结果就截然不同了。

只要真正下定决心去解决一个问题，就应该竭尽全力去想办法解决。方法不怕你做不到，就怕你想不到。人常说"精诚所至，金石为开"，其实不然，它让人们误认为只要有精诚就够了。精诚不是成功的敲门砖，没有方法你可能永远也无法到达成功的彼岸。有了方法你就会少走很多弯路，会使你离你的目标更近一步。或许你与成功之间仅仅是那仅有咫尺的一步之遥，但是因为没有正确的方法，就会使这仅有的咫尺一步变成无法逾越的鸿沟。古人说头悬梁、锥刺股，可是真这样做的人未必就能够金榜题名。做什么事情，都要讲究方法。

只要思想上有战胜困难的决心，那么想出解决问题的方法就是简单的事情了。如果思想上根本没有解决问题的决心，那么要想想出来真正解决问题的方法就不会那么容易了。

不论你的生活多么糟糕，不论你对自己的处境多么烦恼，你仍然有很多优势没有好好利用，有很多资源没有好好挖掘。其实糟糕的往往不是你的处境，而是你面对处境的心情。如果能够以积极的心态去面对，任何人都会发现，再恶劣的环境也没有自己想象的那么坏。资源就在我们的附近，就在我们的头脑里；资源就在我们自己的双手里。只要去想，办法就一定会有，资源就一定会有。

当我们面对糟糕的境况时，要将注意的焦点永远集中在找方法上，而不是在找借口上。要始终坚信：成功一定有方法。不要说不可能，任何问题都能找到解决的方法。思路决定出路，时时告诫自己：不是不可能，只是暂时还没有找到方法。只要努力想办法，就一定能有好办法。

9. 在激烈竞争中独树一帜

古人说："自古英雄成败论。"历年来，这句话一直深深地印在了人们的心里。事实证明，胜利的人即使说出了不对的话，但一定都有人崇拜他；失败的人，即使他再出色，总归也是失败的，这就是事实胜于雄辩，永恒不变的真理。对我们而言，更是"以成败论英雄"，在竞争中独树一帜，成为别人的方向，而不是让别人成为自己的方向。

成者为王，败者为寇，这是一个千古不变的真理。历史上治水的不胜枚举，可是又有几个人被历史记住呢？能够被记住的，又被千古流传的只有大禹。究竟是为什么？其实原因很简单，因为他把水给治理了，他给世人带来了益处。历史告诉人们，只有成功的结果才能推动社会的发展。

现实是很残酷的，尤其是现在这个世界，竞争异常的残酷、无情。众所周知，美国的华尔街是一个只认钱不认人、单以成败论英雄的世界。哪怕你是世界名牌大学毕业的，在这里也照样打杂，做最低下的工作。

首先从华尔街的内部构成来讲，数学专业出身的人不超过30%。而那些原先学习工程、机械、化工、生化等专业知识的人才，半途“出家”改行做金融的则表现得更加出色。因此，华尔街信奉“英雄莫问出处，只以成败论英雄”的信条。值得一提的是，复合型人才在这里最受欢迎。

在华尔街，只有发财的人才能成为故事，因为根本就没有人有时间去记那些失败者，也没有人会特别留意他们的身份。美林证券高级投资经理克林斯出身贵族世家，他对理财表现出了浓厚的兴趣，虽然他学的是音乐和经济，但到了华尔街转行搞金融后，很快便进入了角色，在能源领域掌管着8亿多美元的业务。与克林斯恰恰相反，他的夫人雪莲则出生在新泽西州的贫民窟，经过千辛万苦考上哈佛大学后，半工半读才完成学业。之后雪莲也进入了美林证券公司，一直升到部门经理，手中掌管着10亿美元的对冲基金。

彼得曾在华尔街某金融公司担任副总。他回忆说，工作最疯狂的时候，有整整3年，他周一到周五在公司做股票交易，周五晚上坐飞机去外地的赌场，一赌就是48小时，周日再坐夜间航班回纽约，下飞机后直奔办公室，再次展开新一周的紧张工作。彼得说：“我当时处在一种极度兴奋的状态中，对金钱的冒险成了一种戒不掉的毒瘾。”“股票交易所在周末休息，唯一能提供这种冒险而又刺激的地方就是赌场。我根本就无法像正常人一样跟女朋友约会，或者说陪父母一起吃团圆饭。”

“如果我每年都挣50万美金，而今年工资只有30万美金，我一定会觉得自己是个失败者，简直没有脸见人。同时，我的老板也会认为这个家伙是强弩之末，肯定会找个机会或是借口把我炒鱿鱼的。”因此，彼得说：“你必须把自己培养成一个斗士，任何时候都要比他人抢先一步。”很多刚毕业的年轻人在面试时，总会被问为什么要到华尔街工作，“很多人都不好意思说是为了钱”。而事实呢？正确的答案即“钱、钱、钱”。在这里，你是什么肤色不重要，华尔街只看中一种颜色——美钞的绿色。

像这样的例子不胜枚举，竞争压力无时无刻不存在于每个人的身边。不仅只是在华尔街呈现，在世界任何一个地方都会经常看到。如果你不能获得有实际意义的成功，则必定有人获得成功，而他获得成功的一个必不可缺少的因素就是因为你的参与。事实上，一个人是根本不可能形成竞争力的，理所当然，没有竞争也更谈不上什么成功了。

一代天骄成吉思汗曾一语道破天机：“光有我的成功还不行，还必须有别人的失败。”简简单单的一句话，却十分精确地指出了以成败论英雄的先决条件。一旦走进社会，未来的人生路是自己选择的，但是社会环境却是你无力改变的。因此，这就要求我们在风华正茂时，多学习一些理论知识，来武装自己、充实自己；还要养成良好的习惯，为今后的为人处世打下坚实的基石。遇到困难时，不要把责任都推脱给他人，把自己的身上擦得一干二净。这种做法是最不可取的。因为历史告诉人们：只有找方法才能跨越障碍，才能走向成功。在人生的悬崖边上，只有两种结果，要么是英雄要么是狗熊。

丘吉尔曾说：“你问‘我的目标是什么’，我可以用两个字来回答：‘胜利’。不计一切代价的胜利，不顾一切恐惧的胜利，不论路有多长、多艰难的胜利果实，因为没有胜利即没有生存。”英雄就是不断改变自我、最大实现自我的过程。以成败论英雄，是因为人们能够站在历史的高度，从纷繁复杂的历史现象中分辨真假伪善，从而客观公正地评价英雄。

新的时代赋予了成败新的内涵，因此，当人们看待英雄人物的时候，不应该把眼光停留在一件事或一段时间上，而是要对英雄这一个人的成败作出正确的判断。这样才能够使英雄人物的形象更加丰富饱满，使英雄气概和精神得以传承和弘扬。

人人都崇拜英雄，鼓励成功，以期唤起自己的豪迈激情，追求属于自己的成功。众里寻他千百度，蓦然回首，英雄就在灯火阑珊处。

第九章

最可怕的借口是绝望，活着就有希望

绝望是最奢侈的借口，因为人生宝贵，绝望等于放弃了人生。绝望也是最可怕的借口，因为一旦绝望下去，人生将暗淡无光，一边要忍受着自己的碌碌无为，一边还会受到他人成功的刺激，无聊的岁月在煎熬中显得更加漫长。其实，大可不必如此，活着就有希望，关键在于是否有一颗寻找希望的心。

1. 不是没办法，只是还没想到

其实工作不在于你怎么做，而在于你想怎么做。一个善于和勤于思考的人，总是能找到完成工作的最好的办法。这样的人，必将成为生活的强者和企业的重要力量。

现代心理学的研究表明，在困难面前，积极想办法的态度会激发我们的潜在智慧。因此，一些成功的企业家在遇到困难的时候，非常注意营造一种动脑筋、想办法的氛围。他们相信天无绝人之路，而无路可走的人总是那些不下工夫找路的人。

"确实是没办法！"

"真的是一点办法也没有。"

我想这样的话，你肯定是十分熟悉的。在你的周围，你也肯定会经常听到这样的声音。

其实当你向别人提出某种要求时，如果别人也这样回答，你肯定会觉得非常失望。

同样，如果你的上级给你下达某个任务，或者你的同事、顾客向你提出某个要求时，你这样回答，我想你同样能够体会到别人对你的失望。

一句"没办法"，我们好像就已经为自己找到了不做的最好理由。然而也正是一句"没办法"，让我们浇灭了很多创造之花，从而阻碍了我们前进的步伐。

是真的没办法，还是我们根本没有去好好地动脑筋想方法呢？

2001年7月13日，北京申奥成功，举国欢腾。每个国民不仅为中国的国力得到世界的承认而高兴，也为北京得到这样一个经济发展的机会而自豪。但是，你可能不知道，在1984年以前，敢于申办奥运会的国家没有几个。为什么呢？主要是因为在相当长的一段时期内，举办奥运会是赔钱的。

但是，1984年的美国洛杉矶奥运会却是一个转折点。这次的奥运会，美国政府不但没亏一分钱，反而赢利2亿多美元，可以说是创下了一个历史的奇迹。而创造这一奇迹的人，名叫尤伯罗斯，是一个商人。

在奥运会筹办活动中，尤伯罗斯将其与企业和社会的关系做了通盘的考虑，想出了很多让奥运会赚钱的方法。其中最突出的方法就是将奥运会实况电视转播权进行拍卖，在当时这是开历史之先河。

刚开始时，工作人员提出一个在当时已是个天文数字的最高拍卖价——1.52亿美元，但却仍然遭到了尤伯罗斯的否定，他觉得这个数字太保守了。因为他已经敏感地觉察到了人们对奥运会的兴趣正在不断高涨，奥运会已经是全球关注的热点。假如采取直播权拍卖的方式，势必会引起各大电视台之间的竞争，价格肯定会不断抬高。果然不出他所料，后来单电视转播权一项就为他筹集了2亿多美元资金。

以往的奥运会火炬万里长跑接力，都是由名人担任，但尤伯罗斯却一改这种做法，表示谁都可以跑，只要身体够棒，出钱就可以。他规定每1公里按3000美元收费。

这真是一个破天荒的想法，没想到消息一公布，报名的人竟然蜂拥而至。1.5万公里的路，总共收到了4500万美元！

可以说，这次奥运会给尤伯罗斯带来了空前的声誉。他非常感慨地说："世上的任何事情，只要你去想办法就会有突破点，就一定会有解决的方法。"

是的，想办法就一定会有好方法。假如畏难，又怎么可能创造出这样辉煌的业绩呢？

法国数学家、哲学家彭加勒曾经说过："出人意料的灵感，只有经过了一些日子，通过有意识的努力后才产生。没有努力，机器不会开动，也不会产生出任何东西来。"

我们平时喜欢讲一句话："眉头一皱，计上心来。"其实这也是因为有丰富的知识与经验的积淀才实现的。

在职场上，要想成为一名出色的职员，在对待工作中的问题时，就要尽一切可能去寻找各式各样的解决方法。

一位中国商人在谈到卖豆子时充满了一种了不起的激情和智慧。他说："如果豆子卖得动，直接赚钱好了。如果豆子滞销，分三种办法处理：一、让豆子沤成豆瓣酱，卖豆瓣酱；如果豆瓣酱卖不动，腌了，卖豆豉；如果豆豉还卖不动，加水发酵，改卖酱油。二、将豆子做成豆腐，卖豆腐；如果豆腐不小心做硬了，改卖豆腐干；如果豆腐不小心做稀了，改卖豆腐花；如果实在太稀了，改卖豆浆；如果豆腐卖不动，放几天，改卖臭豆腐；如果还卖不动，让它长毛彻底腐烂后，改卖腐乳。三、让豆子发芽，改卖豆芽；如果豆芽还滞销，再让它长大点，改卖豆苗；如果豆苗还卖不动，再让它长大点，干脆当盆栽卖，命名为"豆蔻年华"，到城市里的各大中小学门口摆摊和到白领公寓区开产品发布会，记住这次卖的是文化而非食品；如果还卖不动，建议拿到适当的闹市区进行一次行为艺术创作，题目是"豆蔻年华的枯萎"，记住以旁观者身份给各个报社写个报道，如成功可用豆子的代价迅速成为行为艺术家，并完成另一种意义上的资本回收，同时还可以拿点报道稿费。如果行为艺术没人看，报道稿费也拿不到，赶紧找块地，把豆苗种下去，灌溉施肥，3个月后，收成豆子，再拿去卖。如上所述，循环一次。经过若干次循环，即使我没赚到钱，豆子的囤积相信不成问题，那时候，我想卖豆子就卖豆子，想做豆腐就做豆腐！”

在这个中国商人充满智慧的设想中，你想如果他不积极地去想办法找方法，他能爆发出如此令人惊叹的智慧吗？一个人若能这样想，那么成功离他还会远吗？

2. 方法总比困难多，不要停止思索

在工作和生活中，所谓的“一帆风顺”只不过是一句美好的祝愿而已，道路上的坎坷和崎岖总是会有一些的。但是我们绝不能因为怕遇到难题就不敢去做任何事情，就停止了我们前进的步伐。我们要相信困难再多总能找到解决它们的办法，一千个困难必会有一千零一个解决的方法，方法总会比困难多。

詹妮芙·帕克小姐是美国鼎鼎大名的女律师。当年她曾经被自己的同行——一位老资格的律师马格雷先生愚弄过一次，而恰恰是因为这次愚弄使得詹妮芙小姐名扬全美国。

事情是这样的：

一位名叫妮可的姑娘被美国一家著名汽车公司制造的一辆卡车撞倒。尽管当时司机踩了刹车，但不知怎么回事，卡车却把妮可小

姐卷入车下，导致妮可小姐被迫截去了四肢，骨盆也被碾碎。但是在警察调查此案时，妮可小姐却说不清楚到底是自己在冰上滑倒掉入车下的，还是被卡车卷入车下的，因为当时她自己也不是很清醒。而马格雷先生则巧妙地利用了各种证据，推翻了当时几名目击者的证词，使得妮可小姐因此败诉。

最后，绝望的妮可小姐向詹妮芙·帕克小姐求援，而詹妮芙则通过调查掌握了该汽车公司的产品近5年来的15次车祸情况——原因完全相同，最后她终于弄清楚其中的真正原因。原来该汽车的制动系统有问题，急刹车时，车子后部会打转，把受害者卷入车底。

于是詹妮芙对马格雷说："卡车制动装置有问题，你隐瞒了它。我希望汽车公司拿出200万美元来给那位可怜的姑娘，否则，我们将会提出控诉。"

老奸巨猾的马格雷回答道："好吧，不过，我明天要去伦敦，一个星期后回来，届时我们研究一下，再作出适当的安排。"然而一个星期后，马格雷却没有露面。这时詹妮芙感到自己是上当了，但又不知道为什么上当。而当目光扫到了日历上时，詹妮芙恍然大悟，原来诉讼时效已经到期了。詹妮芙怒冲冲地给马格雷打了电话，马格雷在电话中得意扬扬地放声大笑："小姐，诉讼时效今天过期了，谁也不能控告我了！希望你下一次变得聪明些！"

詹妮芙几乎要给气疯了，她问秘书："准备好这份案卷要多少时间？"

秘书回答："需要三四个小时。现在是下午一点钟，即使我们用最快的速度草拟好文件，再找到一家律师事务所，由他们草拟出一份新文件，交到法院，那也来不及了。"

"时间！时间！该死的时间！"詹妮芙小姐在屋中团团转。突然，一道灵光在她的脑海中闪现，这家汽车公司在美国各地都有分公司，我们为什么不把起诉地点往西移呢？因为隔一个时区就差一个小时啊。

位于太平洋上的夏威夷在西十区，与纽约时差整整5个小时！詹妮芙决定一下，就在夏威夷起诉！

就这样，詹妮芙赢得了至关重要的几个小时。最后她以无可辩驳的事实，催人泪下的语言，使陪审团的男女成员们大为感动。陪审团一致裁决：妮可小姐胜诉，汽车公司赔偿妮可小姐各种费用总计500万美元。

这个故事告诉我们，尽管寻找解决问题的方法很困难，但是只要我们积极努力地去想办法，方法总是会有的。同样，工作也是这样，遇到困难，只要我们去积极思考，总会有方法解决它们。所以，当我们遇到了难题时，首先就应该坚定这样的信念：方法总比困难要多。

比尔·盖茨曾说：“一个出色的员工应该懂得，要想让客户再度选择你的商品，就应该去寻找一个让客户再度接受你的理由，任何产品遇到了你善于思索的大脑，都肯定能有办法让它和微软的Windows一样行销天下的。”

洛克菲勒也曾经一再地告诫他的职员：“请你们不要忘了思索，就像不要忘了吃饭一样。”

只要努力去找，解决困难的方法总是有的；同时也只有努力地去找方法解决困难，你才有可能成功，也才会有意想不到的惊喜。

3. 把口中的“怎么可能”变成心中的“怎样才能”

不同的发问方式，往往决定了问题的不同结果。当你一遇到问题就立即发出“怎么可能”的疑问时，那么问题百分之百会就此打住，至少你在思想上已经被吓住了，不可能再进一步。但是，当你遇到问题时立马想到的是“怎样才能”时，那效果就会完全不一样。

生活中我们之所以说事情“没有可能”，仅仅是由于我们把自己捆绑住了。无论是生活中还是工作中，没有什么绝对不可能的事情。当我们把“怎么可能”改为“怎样才能”时，一切难以想象的奇迹或许就会出现，所有的难题也许一切皆有可能。在工作和生活中，遇到问题和困难需要解决时，人们通常有两种表现：

第一种人是当他们在发现问题难度较大时，就会马上被困难所吓倒，然后对自己说“绝不可能”会取得成功，所以也就不再去努力，最终放弃。

而第二种人恰好相反，在面对困难时，他们是强者。他们首先就有一种能战胜困难的良好心态和发问方式，认为没有什么不可能。然而，他们又是如何做到这点的呢？假如你是一个只有19岁的穷大学生，连上学的钱都不够，能够不偷不抢也不从事任何其他非法的活动，而是完全凭自己的智慧在短短1年内赚到100万美元吗？

可能大多数人听到这样的问题时，都会笑着摇头，说：“绝不可能！”如果再问一句：“你相信有这样的人吗？”可以断定，还是会有不少人会摇一摇头，说：“绝不可能！”但是我要告诉你，大多数人认为“绝不可能”的事，真的就有人做到了。这个人名叫孙正义，一个被誉为“全球互联网投资皇帝”的人。在19岁时就制定了自己未来50年的人生规划，其中一条，就是要在40岁前至少赚到10亿美元。如今他四十多岁，而这个梦想也早已成为现实了。看看他是如何利用智慧赚到人生第一个100万美元的。

在制定人生50年规划时，他还是一个留学美国的穷学生，正为父母无法负担他的学费、生活费而发愁。他也曾有过到快餐店打工的想法，但很快又被自己否定了，因为这与他的梦想差距太大。左思右想之后，他决定向松下学习，通过创造发明赚钱。于是，他逼迫自己不断想各种点子。一段时期内，他设想的各种发明和点子，就记录了整整250页。

最后，他选择其中一种他认为最能产生效益的产品——“多国语言翻译机”。但这时问题马上来了：他不是工程师，根本不懂得怎么组装机子。当然这肯定难不住他，他向很多小型电脑领域的著名教授请教，向他们讲述自己的构想，请求他们的帮助。

虽然大多数教授拒绝了他，但最终还是有一位叫摩萨的教授，答应帮助他，并为此成立了一个设计小组。这时孙正义又面临着另一个问题：他手上没有钱。

怎么办？这也难不倒他。他想办法征得了教授们的同意，并与他们签订合同：等到他将这项技术销售出去后，再给他们研究费用。

产品研发出来后，他到日本推销。夏普公司购买了这项专利，而这笔生意一共让他赚了整整100万美元。

所以，一个人只要开动“脑力机器”去解决问题，去想方法，就没有什么不可能，就能创造奇迹！能够创造这种奇迹，关键在于改变发问方式：将否定式的疑问——“怎么可能”，变为了积极性的提问——“怎样才能”！

有位科学家曾经研究过，如果一个人将思想聚焦在“怎么可能”的怀疑上，那么他的智力潜能就会受到一定程度的压抑，就有可能把能够实现的东西扼杀在摇篮之中！

所以，我们只有将思想聚焦在“怎么才能”的探索上，让我们的脑力机器积极地开动起来，才能最终去把各种“不可能”变为可能，从而改写历史，改变命运！

4. 尝试失败是成功的序曲，不是放弃的理由

俗话说：“世上无难事，只怕有心人。”在这里，我们所说的“有心人”其实就是指做事情尽自己最大努力，发挥自己的全部能力把事情做成做好的人。只要我们学会想尽一切办法、穷尽一切可能去努力，那么世界上就没有“天大的问题”。

我们之所以说事情艰难，往往是由于我们并没有尽到最大努力！我们说自己已经尽力了，实际上我们并没有把全部潜力发挥出来！所以，面对问题和困难的时候，我们永远不要先说难，而要先问一问自己：“我是否真的竭尽全力了？”

的确，“难”是我们拒绝努力、说服自己的最好理由。但是，

问题真的是那么难以解决的吗？

汽车大王亨利·福特，被誉为“把美国带到轮子上的人”。一次，他想制造一种V8型的发动机。可是当他把这个想法跟工程师交流时，工程师们都认为只能是一个美好的设想而已，现实中是绝对不可能实现的。然而令工程师想不到的是，尽管他们每个人都这样认为，但福特却仍然坚持说：“要想办法把它制造出来。”

无奈，工程师们只有很不情愿地开始了尝试。几个月后，他们给福特的回答是：“我们无能为力。”但福特却还是说：“继续尝试，直到成功！”又一年多过去了，仍然没有取得多大的进展。这时所有的工程师都觉得无论如何都该放弃了，但福特还是仍然坚持“必须做出来”。也就在这时，有一位工程师突发灵感，竟然找到了解决办法。就这样，福特终于制造出了“绝不可能”成功的V8型发动机。为何工程师们认为“绝不可能”的事情，最后还是有方法解决了呢？

关键的一点，就是我们在做任何事情时，一定先要把不可能的思想束缚放一边，而只是去想我们自己是否真的想尽了一切办法、穷尽了一切可能。

畏惧使人无法真正冷静地应对问题，甚至还会导致行动的瘫痪。但是如果你不想问题难不难，而只想自己是否尽了最大努力，你就会轻装上阵，尽力挖掘自己的潜能，反倒容易将问题解决，创造出难以想象的奇迹！

其实所谓竭尽全力，就是不给自己任何偷懒和敷衍的借口，让自己去经受生活最大的考验。人之所以无法竭尽全力，往往是因为受到了“我已尽力”假象的迷惑——我已经做到最好了，再也无法往前走一步了。然而，这只不过是一个他们不愿意接受挑战的借口罢了。有些问题的确非常顽固，想了许多办法，仍无法解决。于是有些人便认为已到极限了，觉得再去努力也是白搭。然而，当你真正经过了一番努力奋斗取得成功后，你就会知道所谓“难”，其实只是你自己的心灵桎梏而已。一定要赶快把自己从“我已尽力”的假象中解放出来，再努一把力，你会发现你还有许多没有开发出来的潜能！

5. 面对挫折不要轻言放弃

一日一钱，十日十钱。绳锯木断，水滴石穿。在很久以前，古人就已经明白，做任何事情都需要持之以恒。千百年来，持之以恒的精神仍然为很多人坚持。那些坚持的人大多是取得一些成就的人，而面对问题轻言放弃、半途而废的人，大多是碌碌无为的人。人生其实是一段并不漫长的旅途，所以，我们要在我们有限的生命里，去做有价值的事情，去实现自我价值的突破。有人说放弃也是一种美丽，那是因为他不知道，不放弃更美丽。

有人可能会说：“在面对巨大困难的时候，个人的能力这么渺小，怎么可能解决呢？不放弃又能怎么样呢？”其实人生就像是一条河，河道有宽也有浅，河水有涨也有落。我们航行在人生的河面上，是不可能一帆风顺的，关键是遇到挫折和困难的时候，我们如何作出选择。两种截然不同的选择会带来两种截然不同的人生。太多的人在经历逆境时选择自我放弃，甘为生铁，庸庸碌碌地了却一生。也有很多人在经历逆境的煎熬后，就像一块铁，越被焚烧，越发坚韧，终于“百炼成钢”。

其实，我们每一个人的生活中总要有痛苦与挫折，倒下了，一定要站起来，成为一名强者。一个人如果没有这种持之以恒、坚持不懈的精神，即使他有再宏伟的理想也难以实现，即使他有再明确的目标，也难以达到。挫折仅仅是暂时的失败，它说明的是你以前的做法行不通，但是不代表你今后的努力也行不通。只要有一线希望，就要尽百倍的努力。失败仅仅是一个新的开始，并不意味着永远失败。无论何时，都不要轻言放弃。

数九寒天，寒风刺骨，一座城市被围攻，情况十分危急。如果不能尽快得到援助，整座城市就将完全失陷，那么这里的战士和整座城市的百姓都要面临死亡的威胁。此时，守将决定派一名士兵去河对岸的另一座城市求援。

这名士兵迅速赶到河边的渡口，但却看不到一艘船。士兵知道，这是因为兵荒马乱，船夫全都逃难去了，平时这里总是有很多船摆渡。想到这里士兵心急如焚，假如过不了河，不仅自己会成为俘虏，就连城市也会落在敌人手里。

太阳渐渐落山，夜幕已经降临。黑暗和寒冷更加剧了他的恐惧与绝望。这是他一生当中最难熬的一夜，他觉得自己今天真是四面楚歌、走投无路了。更糟的是，刮起了北风，到了半夜，又下起了鹅毛大雪。他瑟缩成一团，紧紧抱着战马，借战马的体温来取暖。此时此刻，只有一个声音在他心里重复着：“活下来。”他暗暗祈求：“上天啊，求你再让我活一分钟，求你让我再活一分钟。”当他气息奄奄的时候，东方渐渐露出了鱼肚白。他牵着马儿走到河边，惊奇地发现，那条阻挡他前进的大河上面，已经结了一层冰。他试着在河面上走了几步，发现冰冻得非常结实，他完全可以从上面走过去。他欣喜若狂，就牵着马从上面轻松地走过了河面。城市就这样得救了。

整个城市得救了，得救于这名士兵的不轻言放弃，得救于他的坚持不懈。如果在当时的情况下，他不想办法保住自己的性命，那么结果可想而知。人生会经历无数的挫折和艰辛，但是只要我们还拥有生命，就不要放弃。因为生命本身就是一种希望，只要希望还在，我们就决不放弃。

贝多芬曾经发出“我要扼住生命的咽喉”的呐喊，他经过顽强拼搏，坚持不懈的奋斗，最后终于成为震惊整个乐坛的一代“乐圣”。

如果贝多芬面对耳聋的现实，只是一味地痛苦挣扎，那么他又怎么能取得辉煌的成就？爱迪生在发明灯泡的时候，试验了上千次，失败了上千次，但是他始终没有放弃自己的发明创造。面对这样的一次次打击，爱迪生仍然保持着“我已经找到了一千多种不适合做灯丝的材料”的乐观心声。最终他在坚持不懈的努力下，给全世界的人们带来了光明。

有时候我们只看到奥运冠军在人前的辉煌，实际上他们不仅有成绩、奖牌，也有汗水、泪水、艰辛；不仅有坚韧、顽强、奋斗，还有对抗、竞争和拼搏。每一个冠军的背后都有我们无法想象的艰辛和努力，没有人能够随随便便成功。运动员们用坚强的意志和坚持不懈的精神为人类运动史书写一个又一个的美丽传奇。游泳天才菲尔普斯天天训练从不间断，受伤也忍着伤痛继续训练，终于造就了奥运会上的辉煌。有很多不了解菲尔普斯的人都羡慕他，说他是游泳天才，而抱怨自己怎么就没有这么幸运。其实天才不是天生的，他之所以被称为游泳天才，取决于他数年坚持不懈的训练和努力。

面对问题，我们需要的是解决问题的决心和信心，而不是遇见问题就选择逃避。问题永远存在，它不会因为你的逃避就会解决。

轻言放弃的人，成功往往也会与他擦肩而过。很多人放弃了之后，或许会在心里暗暗庆幸，自己不用再受困苦的煎熬和折磨了；但是他却不知道，他错过的还有更有价值的东西，那就是成功。

很多人在面对问题的时候，喜欢找各种借口来说服别人和自己，从而使自己可以心安理得地放弃。这样的思想是很愚蠢的，借口永远只会阻止你的成功，而不会阻止你继续受到挫折。

我们在生活和社会中同样会遇到很多难题，这个时候不要轻言放弃，一定要尽自己最大的努力来想办法解决。当自己实在无法解决的时候，要向长辈们请教，而不能因为自己一时能力有限，就浅尝辄止，放弃努力。

6. 忍痛放弃，不如用成功犒赏付出的诸多努力

可以说，在许多工作中，一些人之所以没成功，并非他们没有努力，而是因为他们在遭遇到困难之后，在成功的前夕却放弃了努力。最后成功的人，总是抱着“成功就在下一次”的信念，继续努力，最终柳暗花明。

事实上，每遇到一次挫折，就动摇一次信心，这是人之常情。但是伟人与凡人的不同，就在其动摇信心的同时，总会说服自己再次树立信心。

可以说，进取心是成功的根本，如果一个人没有一种向上向前的进取态度，那么任何成功都无从谈起。但进取既要有即知即行的

“道根善骨”，同时还要有坚持到底的坚忍力。

而什么是坚忍力呢？“坚”是坚持，“忍”是忍受，即在前进中遇到各种问题与困难时，能咬紧牙关忍受，不达目标誓不罢休。爱迪生说得好：“失败者往往是那些不晓得自己已接触到成功而放弃尝试的人。”

人生总会遇到关口，这时候，会感觉到加倍的软弱和无力，认为自己不行了，便放弃了，由此功亏一篑。

其实不管干任何事情，最关键的是不要轻易放弃——越想放弃的时候越不能够放弃。当你觉得再也无法突破时，你一定要逼迫自己更向前走一步，因为成功就在下一次！

事实上，每遇到一次挫败，就动摇一次信心，这是人之常情。但是伟人与凡人的不同，就在其动摇信心的同时，总会说服自己再次树立信心。

许多历经挫折而最终成功的人，他们感受“熬不下去”的时候，比任何人都要多。但是，他们却在即使感到“已经熬不下去”时，也“咬咬牙再熬一次”，虽然是屡战屡败，但却愈败愈战，终于在最后一刻看到了胜利的曙光。

坚持到底的力量，体现在方方面面。很多时候，坚持就是取得最后成功的根本：哈维并非第一个提出血液循环理论的人，达尔文并不是第一个提出进化论的人，哥伦布并不是第一个到达美洲的人，洛克菲勒并不是最先开发石油的人，但是他们都是最能拓进、最能坚持到最后的人，所以唯有他们获得特别的成功。

人和竹子一样，也是“一节一节地成长”：每过一道“坎”时，都会有战栗和紧张感，你会深深感到那种失去自我保护的痛苦，那种类似母亲分娩的痛苦，但是你必须将力量集中到一点上来。闯得过去就意味着你上了一个台阶；闯不过去就意味着成长的失败。

因此，人生的“关键”时刻，往往是生命的紧张和痛苦汇集到一起的时候，你必然会比平时感到加倍难受。但这是好事而不是坏事。因为如果缺少战栗和挣扎感，那就意味着你还没有触及成长的关键点，最终难以有所成就。所以，你要勇于承担那种“建设性的痛苦”。英国牛津大学曾举办了一个“成功秘诀”讲座，邀请丘吉尔前来演讲。当时，他刚刚带领英国人赢得了反法西斯战争的胜利。可以说，他是在英国人最绝望的时期上任的。因为取得了伟大的胜利，他的声誉在当时可谓如日中天。

新闻媒体早在3个月前就开始炒作，大家都对他翘首以盼。这一天终于到来了，会场上人山人海。大家都洗耳恭听伟人的成功秘诀。不料，丘吉尔的演讲只有短短的几句话：“我成功的秘诀有三个：第一是，决不放弃；第二是，决不、决不放弃；第三是，决不、决不、决不能放弃！我的讲演结束了。”说完他就走下了讲台。

会场上鸦雀无声。一分钟后，会场上爆发出了雷鸣般的掌声……这是一个何等震撼人心的总结啊！所以我们不要抱怨播下去的种子不发芽，只要我们精心呵护，总会有收获的一天。也许我们最想放弃的时候，恰恰是我们最不能放弃的时候，因为成功就在下一步！

7. 把梦想的热情落实到工作中

只要你拥有对工作的极大热情，即使你不具备超人的才气，也会获得极大的收获——不论是物质还是精神上。伟大人物对使命的热情可以谱写历史，而普通员工对工作的热情则可以改变自己的人生。可以说，热情是取得成功的源泉，你越主动、越热情，成功的机会也就越大。

如果一个人对工作毫无热情，他就会觉得工作辛苦而单调。一个对工作充满热情的人，即使睡眠时间比平时减少一半，工作量超出平时的两倍，也许都不会觉得疲倦。

热情是一种状态。一旦缺乏了热情，军队就无法克敌制胜；一旦缺乏热情，人类就无法创造出美妙的乐章，不能用无私崇高的奉献去打动这个世界；一旦缺乏热情，即使你的愿望再美好、再微小，也很难变为现实。

职场上的员工，如果缺乏热情，只会到处碰壁，不但找不到实现愿望的有效的工作方式，更无法成为让企业信任的优秀员工。曾有人请教过美国著名女影星凯瑟琳·赫本成功的秘诀，她简练地答道：“精力充沛。”而爱默生却说得更直接：“没有热情，就别想完成任何伟大的事。”

热情是一种难能可贵的品质。正如拿破仑·希尔所说：“要想获得这个世界上最大的奖赏，你必须像最伟大的开拓者一样，将所拥有的梦想转化成为实现梦想而献身的热情，以此来发展和销售自己的才能。”历史上许多巨变和奇迹，不论是社会、经济、哲学还是艺术，都是因为参与者全部的热情才得以进行的。

放眼去看，许多杰出的演员、艺术家、经理人、推销员以及各行各业的成功人士，当旁人描述他们的工作与生活态度时，几乎都会使用几个共同的形容词：“热诚”、“有劲”、“很投入”。难怪许多成就超群的人，总是让人觉得神采飞扬、魅力十足。

杜鲁门总统曾谈到他的看法：“我研究过许多伟人和名人的生活，发现凡获得顶尖成就的人，不分男女，皆有一个共同的特点，就是对自己手头上的工作，都能投入全部的活力与狂热。”

伟大人物对使命的热情可以谱写历史，而普通员工对工作的热情则可以改变自己的人生。当你用全部的热情去做事，去想解决问题的方法时，你每天都会尽自己所能力求完美，没有什么能阻挡你成功，而你周围的每一个人也会从你这里感染这种热情。

有位成功的理财专家曾讲过他的亲身经历。有一次，一家理财杂志社派了一位摄影师到他家中拍照。摄影师一会儿打光，一会儿要求理财专家调整姿势，几经摆布的专家终于不耐烦地抱怨：“我是个大忙人，可没时间在这里磨蹭啊。”

可是这位摄影师依然我行我素，完全投入在工作之中，一直到夕阳西下，拍出令他心满意足的照片才收工。

事后，有朋友问专家：“你为什么能容忍对方如此地侵占你的宝贵时间呢？”

他说：“这位摄影师显然要求很高，除非拍到满意的镜头与角度，否则是不会罢休的。让我感受最深刻的，是他那份对工作的执著。我怎么忍心去打消他那股热情？”

无论你从事什么工作，担任什么职务，你若每天以冷漠的态度对待你的工作，你的工作就愈显得困难。毕竟，对一个把工作看成是“无聊的苦差事”的人来说，谁能指望他的工作能“顺心如意”呢？

有句俗话说得好：“潮湿的火柴无法点燃。”对于一名员工来说，热情就如同生命。凭借热情，我们可以释放出潜在的巨大能量，发展出一种坚强的个性；凭借热情，我们可以把枯燥乏味的工作变得生动有趣，使自己充满活力，培养自己对事业的狂热追求；凭借热情，我们可以感染周围的同事，让他们理解我们、支持我们，拥有良好的人际关系；凭借热情，我们可以获得老板的提拔和重用，赢得珍贵的成长和发展的机会；凭借热情，我们可以想出更多战胜困难的方法，从而获得成功。

一个没有热情的人不可能始终如一高质量地完成自己的工作，更不可能做出创造性的业绩。如果你失去了热情，那么你永远也不可能在职场中立足和成长，永远不会拥有成功的事业与充实的人生。所以，从现在开始，不要再计较手中的工作是多么困难或无味，对它倾注你全部的热情吧！